量子
大唠嗑

Quantum
Dialogue

开启未来世界的思维方式

马兆远 著

中信出版集团 · CHINA**CITIC**PRESS · 北京

图书在版编目（CIP）数据

量子大唠嗑/马兆远著.--北京：中信出版社，
2016.10（2019.11 重印）
　ISBN 978-7-5086-6503-0

　I.①量… II.①马… III.①量子力学－普及读物
IV.①O413.1-49

　中国版本图书馆CIP数据核字（2016）第 172505 号

量子大唠嗑

著　　者：马兆远
策划推广：中信出版社（China CITIC Press）
出版发行：中信出版集团股份有限公司
　　　　　（北京市朝阳区惠新东街甲 4 号富盛大厦 2 座　邮编　100029）
　　　　　（CITIC Publishing Group）
承 印 者：北京盛通印刷股份有限公司

开　　本：880mm×1230mm　1/32　　印　张：11.75　　字　数：200 千字
版　　次：2016 年 10 月第 1 版　　印　次：2019 年 11 月第 4 次印刷
广告经营许可证：京朝工商广字第 8087 号
书　　号：ISBN 978-7-5086-6503-0
定　　价：48.00 元

目 录

前　言

　　博士毕业后的第一年，我在牛津有了份差事，导师Keith Burnett（KB）爵士给了我特别宽松的环境，博士后做的不那么辛苦，有了大把时间读闲书。而牛津在藏书上毫不吝啬，大学平均每年在图书上花 300 万英镑，而且英国印书协会要求英联邦每一家出版社的新书都要送一本来牛津做馆藏。牛津东亚图书馆就有一套《李敖大全集》。我所经历的中国教育，上大学之后，理科生就不再学中文。所以我对于中国文化的后天补习，都是在牛津以李敖为线索展开的。牛津的青灯古佛，除了物理世界的日拱一卒以外，李敖对我那个时候的思想成熟、写作文风和对人对事的态度都有很大的影响。以至于多年以后，见到李敖时把他的习惯爱好——道来，老爷子玩笑说，到底是你对我阴魂不散还是我对你阴魂不散。

李敖的思想上承胡适，是"胡适思想的唯一传人"。嘴上厉害，但私底下待人极和善，做学问和写作是一点都不虚的。而他的身上又有中国儒家"士"的方正，这点对我影响也很深。前些日子去看了李敖《北京法源寺》改编的话剧，勾起我对二十多岁时的回忆。我想这本书影响了很多像我一样的年轻人，骨子里讲家国天下，把自己当作儒家文化的继承者，"士不可不弘毅"，在国家需要的时候，敢于为天下先。后来 2008 年汶川地震，当时在伯克利的我已经觉得自己不得不回国了。

　　我的回国，冠冕堂皇讲是"为了报效国家"，但留学的老前辈季羡林是最老实的一个："工资比较高。"事实上我所从事的学术方向那时已经相对成熟，到 2009 年时已经拿过三次诺奖，美国该有这个方向的好学校都有了这个方向，而又由于是实验物理，大学需要准备几百万美元给新晋的助理教授做启动经费。2009 年赶上金融危机，全美在这个方向只有一个助理教授的位置，被朱棣文的关门弟子拿到。而我们这些剩下的博士后们，要么继续做博士后，要么转进工业界。这个时候，中科院给我伸来橄榄枝，可以自己开坛继续做物理。这对我二十多岁要到头但还怀揣残山剩水的理想主义的人来说很重要。然而这几年在国内待着，越来越觉得我们缺的不是钱也不是好的设备。说实话我们确实越来越有钱了，按川普（Donald Trump）的话"very，very，rich"（非常，非常有钱）。倒是我们的思想里尚缺一些基本的东西。因为缺了这些基本的东西，我们才有了论证亩产万斤的科学巨匠，而这位科学巨匠终于在弥留之际，问了憋了一辈子的问题：为什么我们的学校总是培养不出杰出人才？

要说我们这行，朱棣文是个绕不开的人。我入大学听的第一个报告是他做的，他那时还没有拿诺贝尔奖，他讲他不写书，写书是因为科学该做的事情做完了。后来他去做了美国的能源部长，就更没有写书的时间了。对我而言，做物理的黄金期是二十多岁到三十出头，再往后就成了科研的包工头。加上我山西商人传统，习惯做个小买卖。与其扭扭捏捏包工，不如干得赤裸裸些，我开始转战商界，希望能把科学研究和产业创新联系起来。可我发现我身边更多的年轻人实施有余而创新不足。究其原因，似乎一直要追寻到一百多年前。

科学这事情，一直就没有在中国发生。说这话基本是招仇恨的节奏，读者一定举出四大发明，一定会从一百多年前上溯到五千年文明，说不定还有沈括和中医。我根本就没打算辩驳，"达摩东来，只寻一不受人惑的人"，读者只要耐心去读这本书，就知道我所言非虚。科学传入中国，恐怕只是从辛亥革命起短短的几十年。但好像正是这灵光乍现的几十年，虽战争频仍，我们还是培养了几个诺贝尔奖得主和一代人的诸多大师，他们的教育，显然也延续到了最近的诺贝尔奖。这之后就又沉寂下来了，算起来又过了好几代人。和学术圈子与商业圈子里外的人唠嗑，聊得越多，我越感到自己生活在一个古代的中国。我看到漫天飞舞的新科学名词，但我也看到了年轻人去修佛而轻生。我看到了万众创业的热浪，也看到了凋敝冷落的钢厂。似乎"五四"前后的启蒙，那时的百花齐放、百家争鸣都是昙花一现了。

而恰巧，我是做物理的，万事希望求其本；而恰巧，我又是做量子物理的。首先如果说我这学问在现实的世界有什么用，很难一句两句说清楚，但离了它，现在的世界就要停摆。要知道，我们身边所有的一切都是依据量子力学的原理来工作的。最近二十年，量子力学开始给我们揭示一个完全不同的世界。这个新的世界，除了让我们惊讶之外，多少会让我们更加的迷茫。所以我不得不从源头上，先去想明白什么是科学的认知。通过这样的认知了解我们到底缺了哪些东西，在此基础上进一步了解 20 世纪的物理学和数学的发展。先补上这一课，再看量子与经典世界的认识有什么不同。这是个危险的举动，在一个尚古气息浓重而没有科学传统的文化氛围里，不熟悉经典的科学路径，而直接跳跃到量子理论里，很容易进入另外一种神秘论，这样的话量子理论又会被看作虚无主义的支柱。所以我建议读者，不明白第一部分，千万不要开始第二部分的阅读，会很伤神，甚至被误导。

用量子力学去理解现代的各种学科理论，我们会面对两类困难：一是多数人对物理的了解是不够全面的，利用古人的观点来类比更是错误的；二是我们作为物理工作者，量子力学也没有彻底搞明白。按照我们的认知习惯，不得不借助于已有的经验来学习新的事物，这也是最懒而方便的过程，我们无法想象婴儿怎样了解世界。因此倘若让我们从头认识世界，我们会感到困难和无所适从。量子力学在一定意义上暗示我们，世界不一定是我们所习惯认识的，而且我们的认识方法可能也不那么合适。这多少让我们震惊，渐而惶恐。

能够抛弃已有的经验和先验的判决的声音，重新以虚空心态去学习，需要伟大的勇气，这也是学习型社会里人所应具有的内涵。我们在婴儿时学习语言，会在语言与事物、概念、内涵之间建立联系。而成年以后，总有一个已知的关联来做认识新事物的媒介，把未知的和已知的联系起来。而如果连已知的经验本身都被怀疑了呢？量子力学所阐述的思维与我们传统的完全不同，也无法用我们已知的东西来类比。我们必须搁置已有的思维习惯而重新像婴儿一样认识世界，重新审视我们已有的观念。我们不得不这样做来建立经典世界和未知世界的沟通。但同时这种新的认识也为我们开启了更广阔的未知世界。

古代的哲学家们努力寻找广阔的已知世界和未知世界的终极理论和绝对真理。而杜威（John Dewey）所倡导的体验主义精神却强调了一件事："也许那里从来没有也不会有终极的真理，我们只是不断找到更好的解释。"这本书会从这些年的量子力学认识上对杜威的体验主义做出一个更为基础的诠释，使得体验主义变为一种具体的工具而不是通用的哲学。我们寻求的终极解决方案或者真理，不应被看成永恒完美的，而应被看作我们继续去认识世界的工具或阶梯。我们在利用这些工具开拓未知世界的时候也要处处提醒自己，这些工具也会成为规划我们行为和限制我们认识能力的枷锁。

　　真理是状态量，而科学是过程量。

第一部分　科学

科学的事情，一个人常常只能做一小点。我做博士论文的题目是量子气体在万有引力下的混沌动力现象。这些东西常常让不是这个专业的人感慨每一个字都看得懂，但放到一起就不明白了。其实不仅不做物理的人如此，做物理的不做这一方向的也如此。但我们有一种超然的概括能力，把这些不懂的东西概括成一个黑盒子般的名词，只要说得出来，就意味着似乎懂了。而最近跟我做物理的那点东西渐行渐远了，才斗胆地宏观一下，非要看看大问题。不是大问题能解决了，而是小问题做不了了。高山仰止，无论说什么的时候，总要敬奉一下先人，毕竟从摔死的老祖母露西到现在，亿万人都在这地球上生活过了，思考过了这样那样的问题。我所呈现的也绝不是宏观的真理，它只是一个物理学工作者从自己的训练和认识中看到的世界的样子。这样子在每个人眼中和心目中本来就是不一样的。如果说真理给我们描述了一个可能普适的样子，但我们最近一百年明白了真理的正确是有明确的前提的，把这些前提也要当作正确的话，就需要更多的前提来说明这些前提在什么情况下是正确的，而我们已经意识到，这事，恐怕没完。因而我们退而求其次，去寻求相对靠谱的方法。三百年下来，成就了我们如今观世界的一系列方法，称之为科学。它的出现和存在，并不要替换掉从地球上走过的亿万人的思想，它只是谦卑地说，我怎么看。而往往它的谦卑证明了有效，虽然我们很快意识到这有效的局限性，但并不影响我们用它来了解和认识我们周遭的世界和我们自己。毕竟，它是我们已知的方法中，最可靠的和最开放的。

一 三个问题

　　量子逾渗，指的是在复杂系统中随着某种形式的密度达到某一程度，系统内出现某种长程关联，系统的性质发生突变的现象。这种量子逾渗现象成为描述很多自然现象的一个常见模型，用于阐明相变和临界现象等物理概念。类似地，人到了一定年龄，脑子里积攒的素材够多了，这样那样的信息堆积在脑子里，在某些外界的或内在的原因触发下，也会连通起来，形成新的思想，在某一场景、某一时刻，会有顿悟的感受。而这种感受，人可以常有，但似乎重要的一辈子也不过几次。

　　我曾经花了很长时间比较犹太人和华人的创造力。因为没有客观的指标来比较谁更聪明，我们就先功利地讲讲数字。犹太人口有1000多万，获得诺贝尔奖的有近200位，华人15亿，诺奖十几位。在芝加哥大学做访问教授的时候，我认识了犹太夫妇拉夫先生和玛

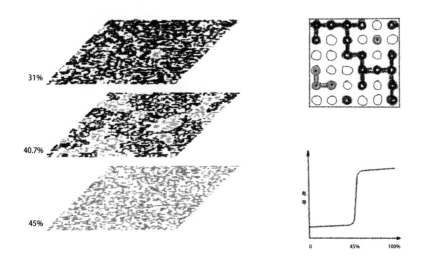

图 1–1　金属—绝缘复合体中的量子逾渗模型

塔太太。拉夫是芝大历史系的荣休教授。我们喝下午茶的时候曾深入讨论过大学教育。在拉夫的传统观点里，University（大学），是培养改变世界的综合性人才的地方，而College（学院），社区大学是用来做职业训练的地方，让学生毕业后有个体面工作。大学为了适应社会需求而培养人才，就把自己降格为社区大学了。这个观点后来也在我和KB的聊天中得到了印证，KB后来做了谢菲尔德大学的校长，他觉得大学有义务引导社会，社会需要哪些人，而不是让社会告诉大学，大学应该培养什么样的人。玛塔邀请我和太太去看了芝加哥的犹太人画廊，给我讲了犹太人的家庭教育习俗和源起，又带我们去喝她喜欢的鲜草汁。美国人那几年流行喝鲜榨的草汁，说这个健康。话别之后，我和太太走在芝加哥的街头，旁边是 19 世纪末建的证交所大楼。阳光很好。这时候我有了一次顿悟的感受。

人对世界所做的探求无非关注三个问题：人与自然，人与社会，人与自己的内心世界。通过很多不同的途径都可以去了解这三个问题的不同侧面，或深或浅。人通过学问和修为而参悟、了解，在这三类问题上给自己一个满意的答案。我物理科班出身，物理竞赛保送北大读核物理，在牛津读原子分子光学物理的博士，在美国国家标准局和加州大学伯克利分校做了几年博士后，回到中国科学院做了量子光学的研究员。做学问算是根正苗红，虽然最后还是秉着自己对科学精神的理解从体制内出走成了另类。通过自己对物理世界的了解，就人与自然的关系而言，我能给自己一个自圆其说的答案。我有一种深刻的信仰，我们生活的世界是一个物理的世界，我们的世界运行的规律应该是物理性的。我们有一种信心在于，自然界的规律应该是一致的、融洽的，人类的社会和精神都属于其中的一部分。我们基于对经典物理学的认识，建立了现代科学体系，而当我们意识到我们认知系统的物理学基础发生了新的进步，我们利用它建立的观察世界的方式也应该跟着变化。这样可以更好地了解自己和世界。常常有哲学家跑来表明自己的立场和学问的尊贵，但哲学家对于物理学家，犹如鸟类学家之于鸟类。当然，我也承认我所研习的物理学和这本书所讲的未必是唯一的办法或最好的办法。

对上述三个问题的思考，人类经历了"未可知"的古代阶段：这时候在印度有释迦牟尼，中国有老子、孔子，古希腊有苏格拉底、柏拉图和亚里士多德。人通过直觉来认识世界，建立了古典的逻辑、数学和哲学。我们开玩笑说数学是人文科学，它更多地依赖逻辑本身。古代人类认为世界的组成可以是金木水火土，可以是阴阳，可以是仰之弥高，钻之弥坚。虽然没有实证依据，它很大程度上能为人们说明一些问题，至少这些"理论"为那时候的人解释了自然界或事或物中的"冥冥"的联系，满足了人对三类问题的疑惑，也给宗教信仰以存在的依据。

多神信仰往往被宗教界认为是人类社会信仰的初级阶段，犹太教、基督教和伊斯兰教信仰唯一神，而佛教和儒学更多是关于人和自然哲学，而非有神宗教。"子不语怪力乱神"，避开一神还是多神的讨论，先谈怎样解决人与社会的问题，这也可以说是体验主义策略。我们通常要求一个理论由假设出发做出符合逻辑的推论。我们在这本书里会经常谈到这样的论述架构。说到"假设"，假设非假，不置好恶，它是我们对认识世界和讨论问题所确立的前提。我们一般希望一套完整的理论假设不应该特别多，三五条即可。建立一套理论体系是一个相对稳定的方法，从假设出发，依据逻辑推论可以得出新的结论。

由这个结构来规范，基督教有三个基本假设：上帝是唯一神；上帝万能；上帝爱人。儒学也有自己的假设：家庭是社会的基本组成单元，社会是家庭结构的映射。这里我借用了分形理论里的术语，映射，是指当我们把研究对象的局部放大之后，发现它跟原来的结构还是相似的。君君臣臣父父子子，是一一对应的。随着科学的发展，有神论关于神迹的依据不断经历新证据的挑战，而家庭结构这个生物基础的假设却还没受到根本的冲击。在神的空间似乎减少的今天，儒学也许更有生命力了，毕竟有四千年连续的文明史，人能想到的社会制度和与人相处的方法在儒家的大背景下都做了尝试。故纸堆里找找，总还有收获。

当然，有神宗教的基本假设是无法证伪的，我们无法用今日能想象到的方法和手段来遍历宇宙，甚至多个宇宙，对"神的存在"这一假设证伪。从传播和承载方式上来讲，儒家哲学的教育与基督教和佛教不同，它不需要特定的场景，不需要特定的庙堂和圣殿来传播和讨论。父母家人的言传身教，从小的耳濡目染，就可以在人心中种下儒家之道的种子，这都出自儒家哲学的以家庭为社会基本单元这一假设。

在伯克利做博士后，田长霖图书馆是我借阅闲书的地方。这个东亚图书馆，虽然比牛津的小很多，但也有很多有意思的收藏。伯克利的自由氛围和美国西部开拓者的实干精神，实验室里挽起袖子干活，金工车间里车钳铣刨亲自动手，加上那个时候我关于胡适思想的阅读，学而时习之，让我衔接上了胡适的老师杜威所倡导的体验主义。这一切成为我对理解人与社会关系的引导。

大概有十几年，我因为研究物理而在中国、欧洲和美洲生活，在这样的旅行生活中我看到了不同的社会与文化，构架了自己认为可以说服自己的一套自洽的东西。而对内心世界平和的追求，我还需要些时日。这方面佛教有所长，但不足以涵盖其他。而对包括神秘论在内诸多的不可知问题，我的一个基本信仰是实证的，无法证伪的过程我会采取不排斥可研究的态度。钱穆讲"怀有温情的敬意"是我对这些"不可测"问题的基本态度。我不相信"唯科学"，科学目前并不是解决一切问题的万能方法，我喜欢的是科学不定义自己的边界。这是一种最大的自由，它允许我们因为自己的好奇心不断地诉求，而科学方法为这种诉求提供了可信的一步一步的基础，这是其他信仰系统不能够简单满足的。

关于自然，我通过治学于物理了解了自然的基本轮廓；关于社会，除了体验主义之外，我骨子里还算是一个以儒家道德为基本要求的人。不同的宗教信仰在解决和诠释这三方面问题时各有长短，并没有哪个一定比哪个高级。当人可以一览众山的时候，发现来路不只一条。每一门现代学问的研习都会带你走上人类智慧的高点。因为世界本身的复杂，这个高点会经过无数人历练和考验。我不相信现世的先知，个人一定有思考的缺陷。无论哪个宗教，只要过了千年，总经过亿万人的思考锤炼，甚至是流血去完善，相对靠谱，随便信一个就会让你或深或浅地认识这三个问题。不求回答什么，解救谁，当问自己的问题关联到这三个基础问题中的一个时，你心里有答案，有安静，就够了。

二　信仰从哪里来

　　生命的每一时刻都面临着来自周边环境的危险。每一时刻，它都必须从周围环境中获取东西来满足自身的需求。命运依赖于生命与环境之间的交互，这种交互关系不是外在的，而是亲密的，我们甚至无法严格区分哪一部分是外在的，哪一部分是内在的。这种交互不限于物质的交换，它也包括信息的交互和演化。从这个意义上来讲，我们很难区分信息的界面，哪一部分是主体内的信息，哪一部分是主体之外的客体信息。趋于对安全的需求，生命体希望能在表现为信息的事件之间找到"规律"。这些规律反映在人类的需求，就体现为对因果律的偏好。当动物看到乌云密布，听到雷声滚滚，它的反应是去找个地方避雨，或者是久旱之后出来喝两口甘霖。

　　对人类而言，一般来说，人们希望寻找策略来了解和改变或然的世界，但这也可以理解为，只有具有这种习惯的人群才具有物种竞争上的优势，从而种群延续至今，那些看到林火奋然前行的早就烧死了。甚至有颇为黑色幽默的达尔文进化奖，奖给那些成功地把自己不良而愚昧的基因从人类的基因库里移除的人。类似的逻辑也出现在"为什么时间的方向一定是朝着熵①增加的方向行进呢？"在这个问题上，答案是具有诡辩味道的，因为只有在符合这样规律的宇宙里才能产生问这个问题的生物。如果真是这样，对因果规律的诉求，便是我们这个种群与生俱来的能力。这些诉求一方面体现为祈祷与传统，另一方面体现为科学与技术，当然后者在人类历史上出现得很晚。在新的证据被找到之前，这一段的论述只是"猜想"，颇有神秘论的味道，我们先不去纠结。

最早的人类希望通过祈祷来控制环境，放个猪头来测试老天爷会不会贪这个小便宜，对祈祷者有所眷顾。因为缺乏劳作工具与其他有力的保护自己的手段，早期的人类需要依靠上苍或环境的怜悯。虽然这样做多少有点听天由命，但这绝对不是一个被动的过程。人类设想周围的环境是由一些隐藏的力量和超自然的实体控制，人类通过不同方式的试探来了解这些举动和结果之间的联系，并试图与这些力量沟通。这时候对人类来说，发现其中的稳定的规

---

① 熵，物理学上指热能变化除以温度所得的商，用于度量一个热力学系统的无序程度。——编者注

律实在是特别困难，因为很多"天地不仁"的事件，会跟其他事件纠缠在一起，无法建立必然的联系。太阳被天狗吃了，所以闹了蝗灾，所以下了雨，所以有地震，所以打不到猎物了，所以有人要造天子的反。这种发现规律的能力跟人的活动范围和生产能力相关。在低频次、少量信息的情况下，人们很难把相关的信息联系起来，发现其中不那么明易的规律。这个很好理解，假如人可以活得足够长，信息足够发达，而且彼此沟通也足够充分，就可以看到，太阳被月亮挡住的事情，在很多地方都会发生，一辈子活得久可以看见好几次，不一定和其他事情有确定的关联。这样的观察在各地各时被收集起来，当然要有以牛顿时代为界的"科学方法"确立筛选和排除的工具，这些规律就会慢慢地从蝗灾、下雨、地震的关联中分离出来而被认知。但是，古代人缺乏历法的、文字的、数字的工具和分析比照的系统研究方法，信息如此的零碎，要收集整理这些信息，从中求得规律，太难了。

要提醒读者的是作为科学的基本要求，我们要不断通过实验来检验自己得出结论的可靠性，任何一个疏忽，都有可能让我们的结论站不住脚。著名的辛普森案，所有人都认为辛普森是确凿无疑的凶手。但就是在众多证据里出现了一副可能是凶手行凶时戴的手套。逮捕辛普森的警官在证物里混入了这副染有死者血迹的手套，让证据看起来更加充分。就是这副手套，辩护律师发现比辛普森的手小，辛普森戴不上。根据"疑点利益归于被告"的原则，辛普森被无罪释放。科学积累也是这样，有时候我们虽然不得不在现有的基础上日拱一卒地一点点往前走，但也在时时回头看我们得出的一个结论的假设和论证，是不是每一步都站得住脚。我们不得不在多个说得通的似是而非的可能性讲法中反复论证和检测，不是只要有一条路走得通就可以，还要提供为什么其他路走不通的证据，在其他路没被证实或证伪之前，所有怀疑都会被清晰地标记，而不轻易地给出结论。

让我们回到这个"冥冥中自有天意"的论述上来，这个问题背景深厚，它甚至可以追溯到信仰的起源。有这样一个实验，两组被测人员，每组 50 人，每组人员要回答几十个问题。这些问题设计上并没有一定的对错，比如"昨天爱沙尼亚的阿尔塔市下雨了"之类，没有人真的知道有没有这个地方、下没下雨。每个问题答完，计算机都会给出"对"或"错"的判定。一系列问题答完之后，计算机屏幕上出现一幅由很多不同颜色的小色块随机组成的图，有点像色盲测试纸。第一组被测人员的问题和第二组之间的区别是，第一组答案"对"或"错"的比例，各 50%。而第二组的被测人员无论给出什么答案，计算机都会给一个大大的"错！"测试结果出来：第一组里大部分人看不出最后出现的图案里有任何东西，而第二组被测人员大部分人看出其实隐藏着一些有结构的图案，比如桌子、动物、数字的形象。我们可以得出这样的结论：人在接连的心理挫折之后，会更容易把随机东西关联起来。比如山洪、地震、旱涝，这些本来随机的自然事件造成人接连不断的不幸感之后，会让人觉得其中有一定的联系，"屋漏偏逢阴雨连"，肯定是老天跟我过不去，这样就产生了我们常说的"冥冥中的力量"。为了平衡和关照这些冥冥中的力量而得到恩惠，人们试图和这些力量沟通，从而产生了原始的祈祷。当然，这个实验可有另外的原因作为解释，有可能被测人员在一系列的挫折感之后，会更倾向于猜测测试方的意图，而努力地迎合。所以，实验本身依然还没有定论，只是提出了一个可能，并且被初步验证。接下来，我们能做的是怎样排除"有另外的原因作为解释"的因素，进一步完善测试条件，改进实验，得出更为普遍的结论。

在一些原始部落里，我们还能看到古老的祈祷模式。宗教形成一段时期以后，祈祷的方式逐渐变得程式化和系统化，并产生感受生命和世界的方式，以及描述冥冥中的力量的神话。试图沟通而改变这种力量的仪式成为氏族部落活动的要素，并逐渐在一定的范围和族群中传播并继承下来，形成某地的某种文化。由此文化产生于与祈祷相联系的信仰活动与实践。一般而言，文化是以回答我们所讲的三个问题为核心，延伸到人的道德传统、人在宇宙中的地位以及生命的意义等问题的。文化的发展标志着习惯、风俗、公共机构、社会规范以及官方行为准则的形成和确立。

另外一条脉络，伴随着对自然事物控制能力的增强，人类一些渐成常识的经验积累起来：木材能够燃烧，尖锐的物体可以切削，火会烫伤人，但可用来烤熟东西，树上的果子总是下落，野兽能被驯养，某些植物吃了会拉肚子，但有些可以治拉肚子，这些关于自然的可观察的事实，逐渐地形成了一类日常知识的概括。这些概念不仅提供了肯定事实的集合，而且培养了处理物质与工具的专业技能，促进了思维的发展。在这些重复的大量积累的信息的基础上，人类逐渐意识到其中的秩序，掌握了足够的确定性方法，于是诞生了经验和技术。这条脉络，早期跟宗教并不分离，反而在很多场合成为"大设计"存在的证据。超自然的力量，除了设计人的社会，也设计了自然的规律。

在人类的几千年历史里，人不断地寻求人和自然的关系，人和社会的关系，人跟自己内心世界的关系的普遍答案。夜深人静，午夜梦回，扪心自问。不同的信仰在这三个问题上，都会有自己的解释。从人与自然的关系和人与社会的关系中归纳出来的道德观，经常趋向于认为对这三类问题思考的目的是发现某种终极的真理、最高的"性本善"。在哲学爱好者喜欢讨论的康德看来，"善"服从于理性的意志，至善是固有的、终极的。但在这本书里我们把绝对真理相关的学问和方法统称为"神秘论"，神秘论和建立在神秘论基础上的传统伦理学认为，哲学的任务在于发现某种最终的目的、最高的真理。然而量子力学的发展告诉我们，我们所在的世界是动荡的，不确定的，对错与否在很多时候取决于环境，这与杜威所倡导的体验主义的主张不谋而合。

哲学寻求不变性，试图在科学面前保护"至善"、"最高的善"的信仰。但体验主义认为，道德不能从某种固有的、最终的至善概念开始。它必须从人的实际体验出发。杜威问道：单一的、终极的信念难道不是已在历史上消失了的王权组织的产品吗？不是那种在自然科学中消失了的，被视为高于自然而规范宇宙的神权体现吗？事实上我们不得不从有机体与周边动态环境的互动开始，放弃确立至善、终极的道德目标的方案，而考察在现有情境中生命体如何通过与周围环境的互动来实现自身的成果。道德也必须变为体验性的，它必须将科学方法运用于人类价值的问题。道德探究的目的不是某种外在的"善"的法则，成长是道德的唯一目的。成长不是结局意义上的目的，它是我们对自身的习惯进行不断完善、培养和提升的过程，成长是一个在逐渐进步中演化的概念。人们不再恪守与体验无关的价值标准，或者遵从传统文化所确立的什么是道德的、什么是不道德的标准。人的体验本身包含评价它本身的方法，不必依赖别人来告诉我们什么是善、正义和真实，应该相信勤恳而诚挚的个体组成的生机勃勃的社会能够探索并且辨明什么是善、正义和真实。

佛教对人与自然的关系、人与自己内心世界的关系有悠久而深远的阐述。而儒家哲学更好地解决了的是人和社会的关系，基督教可能更好地解决人和社会、人和内心世界的关系。科学本身目前大部分的内容是在解决人和自然的关系。无论你更习惯哪套理论，或者对哪套有更多的信仰，来龙去脉、追本溯源都是围绕这三个问题。不同的信仰和不同的思维方式，经过长期的选择跟历练之后都有不同深度的建树，在这三个方面，都能满足人的需求，觉得好就好了，内心契合，就去信一个。而作为反例，一将功成万骨枯，我很怕现世产生的宗教或现世的神，他们老是告诉人们，渡过血海就是天堂，人们老是被他们裹挟着先造血海。任何一个信仰体系在它形成的初期都要经过很长的时间来掩盖和调和这种冲突，我们在后面会谈到这种冲突的理性原因。

佛教最早在印度传播，公元七百年在印度逐渐衰弱。佛教进入中国之后，跟儒家哲学进行碰撞，先引起冲突，接下来融合而生长。这些冲突确实有一些早期的证据。比如在伦理观点方面，"孝"在中国传统的伦理道德中，尤其是儒家学说里占有极其崇高的地位。社会风习不必说了，连帝王也几乎全部以孝治天下。佛教却要求信徒出家，讲六根清净，这就与中国"孝"的道德教条根本对立。怎么办呢？佛教也只好迁就本土现实。在后汉三国时期翻译的佛经中，就能看到很多讲"孝"的地方。吴国康僧会译《六度集经》："子存亲全行，可谓孝乎？"后汉录《大方便佛报恩经》："佛法之中，颇有孝养父母不耶？欲令众生孝养父母故，以是因缘故，放斯光明。欲令众生念识父母，师长重恩故。为孝养父母知恩报恩故。"佛教接受了儒家哲学很多方法之后，形成了"中国特色的"汉传佛教。当然也有南传佛教，即所谓小乘佛教。汉传佛教影响了朝鲜、日本。敦煌出土的佛经里面有孝经，而"孝"是典型的儒家本土思想，而不是舶来的佛教的概念。

从这里面可以看到很多外来信仰和本土文化的冲突融合，最后在文化里生根发芽。但是早期的时候一定通过了大量的社会实践，这个过程中就会因信仰不同而引发冲突，这样的冲突必然导致大量流血。因此有一个衡量标准叫万亿人年，信仰要通过万亿人乘以年这个度量单位来打磨过才算成熟，才渡过了血海。信仰在人类社会流传，要有这么多人在这么长的时间内对它进行思考、历练，才值得去放心信仰。信仰的建立是社会的实验，千万人头落地的，试错的成本是极高的。

三 经典科学的诞生

    回国这些年，我对掺杂在佛儒道法周边的各种神秘论和它们的变种产生了深刻的厌恶。在一个没有科学启蒙而神秘论盛行的国家，科幻和祖宗的玄学往往成了科学的障碍。近几十年国内教育关于人与自己内心世界、人与自然关系问题探究的缺失让更多本土的神秘论死灰复燃。神秘论的传播让我常常想起爱默生（Ralph W. Emerson）来。爱默生终生反对信条和体系的陈规，他主张把以宗教和道德的名义，将哲学和艺术从大众手中盗走而用于维护宗派私利的价值还给平民百姓。爱默生独具慧眼的洞察揭示出，这种贪渎破坏了质朴的真理，把真理变成了偏颇和私有之物，变成了神学家、形而上的学者的文字游戏。而绝对真理的崇拜和僵化也成为这些社会统治者的治理工具。

    神秘论本来是可以进化成科学的，事实上很多最初的科学猜想也没有十足的根据。但是因为神秘论坚持于绝对真理神圣不可侵犯，要维护绝对权威的权威形象，拒绝论述，拒绝深入诉求，也拒绝对证据的考量。这跟大胆猜想、小心求证的现代科学要求有本质的不同。科学的方法在于可以求证，而神秘论是拒绝求证的，拒绝讨论的。后面我们会有大量的时间讨论神秘论和科学的区别，此处暂且放过。

科学名词在很大程度上被神秘论的传播者利用，安心于老祖宗的不可证伪的东西。虽然我说人总要有点信仰，但不等于我们该从故纸堆里翻出旧东西来证明老祖宗的丰功伟业寻求心理安慰。到这里，我们会花些时间回顾一下哲学的起源。我不是这方面的专家，只从我理解的角度来说明。

我们讲物理学是自然科学的基础，当然，有学数学的过来，我们让位给他，说你们搞人文的坐中间。在牛顿之前，我们很难给哲学内容一个清晰的判定，不管唯心的还是唯物的，只要言之成理、自圆其说，都可以存在。哲学跟物理学最初也不区分，牛顿在《自然哲学之数学原理》里描述了他的动力学定律。按牛津大学最初的分法，所有非神学的，又不归于医学、法学、音乐和文学的，都统称为哲学。因此学自然科学的专业学生，拿的都是哲学学位。

天地不仁，以万物为刍狗。对因果论的追求，是人类趋利避祸的天然心理。事实上，也许正是由于这种心理，才使得人类这个物种得以演化至今。注意，我很小心地使用"演化"这个词，因为我会很小心审视《进化论》这本书，它也许更应该回到严复的翻译《天演论》。一旦有了进化，就有了方向，就有了优劣，就有了"冥冥的"安排，以至于就有了"超越人类的思维"，有了"天地不仁"。我们不讨论那么远，先回到演化的角度。原始人发现天上下雨，淋了就会生病，病了不好治，所以就避免淋雨。下雨以后地上会长出蘑菇来，有些蘑菇能吃，有些蘑菇吃了会拉肚子。只有掌握了这些关联思维习惯的人类才能生存下来，根据因果律来趋利避害，缺乏这个思维逻辑的很难生存下来。于是原始人类根据生活经验把这些规律总结下来。但还有一些事很难这样直接总结规律，就要靠猜测、揣度和信仰。牛顿之前，人类面对自然处于一种无可奈何的可怜地位，真的揣摩不出来老天爷是怎么想的。

玛雅金字塔是玛雅人的神庙，玛雅人在这里朝拜他们的神来祈祷风调雨顺。像所有早期文明的先民一样，祭祀的时候他们要把最珍贵的东西摆出来给神，牺牲家畜，再隆重些，就把战场上抓来的奴隶当作供品杀掉。如果这样都不能平息神怒，就杀些自己人，这样够有诚意了吧，再不行，就有可能是神不再光顾这个祭坛，需要废弃掉金字塔甚至周围的城邦，择处另建。这样的玛雅文明持续了一千多年，直到 16 世纪葡萄牙航海者第一次到达了南美。玛雅人在海滩上看到红胡子红头发蓝眼睛的怪人骑着马。那时美洲没有马，只有"草泥马"（羊驼），玛雅人非常惊讶，以为神发怒派来了魔鬼。但葡萄牙人并没有留下来开拓殖民地，只留下了瘟疫。这些美洲的原住民完全没有对瘟疫的免疫能力，要知道这些传染病刚刚在欧洲杀死了三分之一的欧洲人。于是玛雅人成片地病倒死亡。玛雅人为了平息天神的愤怒，不断地杀人祭祀，奴隶不够就杀自己人，还不行就造新的祭坛。于是这一时期兴建的祭坛特别多，但传染病并没有减少，反而愈演愈烈。五十多年后，又一批航海者到达南美时，看到的是一座座空城，玛雅人把自己杀绝了。然而这种对未知力量的猜测也并不是一无是处，它具有积极的意义，在古代人无法对不幸事件进行解释但确实发现有关联的时候，"超自然力"就成为扮演权威的不可替代的角色。比如人们发现近亲结婚生出畸形儿的比例很大，便在宗教教义里规定兄妹不可乱伦，古人自然缺乏基因解释，但结论是不错的。

其实这个时候在世界各地，别的文明又能好到哪里去呢？且不说欧洲人不管得什么病都放血的放血疗法，据说华盛顿即死于此。你要是翻开中医盛典《本草纲目》，也是满纸荒唐言，一把辛酸泪。对于大自然，人类是没有太多办法的，只有祈求超自然力量的怜悯。人们无法归纳出背后的究竟，而这些可能的联系，又往往似是而非，不是每次都灵的。这滋生了神秘论，产生了"信则灵"。

自然和自然界的规律隐藏在黑暗中，上帝说，让牛顿去吧！

图 1-2　自然和自然界的规律隐藏在黑暗里，上帝说，让牛顿去吧

　　天不生牛顿，万古如长夜。牛顿力学无疑是科学的奠基石，它开启了现代。牛顿力学的成功不仅奠定了经典物理学，而且确立了经典的科学方法论，人类从此有了甄别哲学思辨可靠与否的依据。

这以后人们在哲学思维和自然实践中相互印证推进现代科学其他分支的建立。人们可以用数学的方法计量，用分析的方法求知。牛顿的理论建立是科学史上一次空前的综合，牛顿大量汲取了其前辈的成果：哥白尼、开普勒、笛卡儿、伽利略……但是，牛顿并不是将已经确立的知识简单地重新包装，他拓展了物理科学甚至是人类认知宇宙的雄心，更重要的，他划定了人类诠释哲学认识的方式。这件事情的深邃，牛顿本人可能都没有意识到。

牛顿证明我们看到的周围一切物体，包括我们在夜空中所能看到的星辰万物，都服从万有引力定律。与引力相平衡的离心力结合起来，牛顿的方程式可应用于行星运动，作为基本物理学原理的自然结果，就可以得出开普勒的经验定律。有了引力定律，牛顿完成了他的划时代的工作：一切物体，从地球上的苹果到行星和恒星，统统服从由同样的三条运动定律和一条引力定律表达的普遍的力学原理。上帝精心设计的宇宙可以被人类定量地感知，日月星辰所代表的神的意志竟是数学公式就可以精确描绘的。牛顿之前，物理学定律无非是联系实验观察结果的数值关系或数学关系。当然，为了避免"一个人的伟大发现"而让读者跟神秘论联系起来，我们还是要插播一下关于实践是检验理论的标准这一思想方式的起源。当然这可以在古希腊找到影子，我们只去溯源牛顿时代的这种思潮的产生。

公元 1168 年，南宋乾道四年。这一年前后，在泰晤士河边的牛津城，牛津大学逐渐形成。作为牛津的早期校长，罗伯特·格罗斯泰斯特（Robert Grosseteste）认为人们应该从实践中产生一般数学原理，然后利用数学的演绎推理来证明它，最后再根据实践来检验这种推理。他的主要研究方向是数学在物理学和天文学中的应用。他根据光经透镜折射的知识，研究了透镜的组合，改进了解释彩虹的理论。他的学生罗杰·培根（Roger Bacon）重视实验方法和数学方法的结合，这样的研究方法阿基米德已经使用过。培根重视实验科学，断言只有实验科学才能解决自然之谜。他在数学、光学、天文、地理及语言等方面都有丰富的知识，并进行了许多观察和实验，提出不少有价值的论述和大胆的猜测，如对各种球面镜的焦距和性质的论述、飞行机器、机动航海船、眼镜、望远镜和显微镜的设想，推动了自然科学的发展。培根思想的唯物主义倾向和科学实验精神，对近代欧洲的自然科学和唯物主义思想发展有重大影响。

但我们更熟悉的是弗朗西斯·培根（Francis Bacon）。弗朗西斯·培根认为感觉是认识的开端，它是完全可靠的，是一切知识的泉源。他重视科学实验在认识中的作用，认为必须借助于实验，才能弥补感官的不足，深入揭露自然的奥秘。他重视归纳法，强调它的作用和意义，认为它是唯一正确的方法。在《新工具》一书中，他号召人们依靠实验调查获得知识，知识并不是我们推论中的已知条件，而是要从条件中归纳出结论性的东西。人们要了解世界，首先就必须去观察世界。培根指出要先收集事实，再用归纳推理手段从这些事实中得出结论。虽然现代科学在细节方面并不一定遵循培根的归纳法，但是他所表达的基本思想对科学的观察和实验有重大意义，构成了现代科学家一直采用的方法的核心。

我们前面讲了量子逾渗模型，当系统的某种成分或某种意义上的密度变化达到一定值时，系统的某种物理性质会发生突变，绝缘体变为导体，无序的结构变成有序的自组织结构，我们也可以借用逾渗模型来回溯一下信息对人类历史的推动。正如生产力对于生产关系的制约，信息的积累促进了人类认识世界的能力，而未来数据的冗余也可能成为制约人类认知世界的因素。人类的知识也是这样，先开始是局部的，没有彼此关联的发展，只散布在世界各地，人类文明长河里断断续续的小的发明创造。牛顿时代前的信息是散乱的，没有积累到可以融合关联而产生系统性方法的程度。当这些知识的小碎片积累到一定的密度和重复程度的时候，它就会发生强烈的关联，从而性质上有突然的变化，产生新的规律，鼓动风潮造成时事。牛顿的时代是在地理大发现，人类对行星和地球的认识大量积累之后。这时即使没有牛顿，也会有别人。毕竟，一切呼之欲出，信息和信息的交流在这个时候就要连成片，产生系统性的认知，进而成为科学。

牛顿之后的两百年间，人们通过万有引力和微积分来诠释地球和月球、太阳与行星之间的运行关系，甚至猜想上帝应该是个精明的数学家，设计了精美的符合数学原理的宇宙。牛顿力学的成功迅速给了人以勇气和信心去探索未知的世界，18世纪之后欧洲掀起的对科学的渴望成为一种社会风气，贵族少爷们在周末的家庭聚会上都以演示新奇的实验作为吸引小姐太太们目光的噱头。这之后逐渐形成的实证主义哲学，体现了经典物理学的基因。以哲学世界不再抽象于科学之外，而成为物理现象的演绎和推广。在以牛顿力学为核心建立的哲学基础上，形成了物理学的各个子领域，解释机械、电和热的问题，继而建立起现在的科学方法论和科学世界观。宇宙被认为是一个无穷复杂，但可以被感知和认识的精密机械。物理学可以这样，为什么其他学科会不一样呢？

牛顿力学的成功让人们对认识自然有了充分的信心，甚至人们对改变自然也有了十分的自信。这个自信为所有别的学科提供了原始的假设，即世界是可以被无限认知的，可以中立地观察并给出修改意见，可以被独立改造。牛顿力学的直接后果在于，它使人们相信世界是由精密的零部件组成的完美运作的钟表。而谁给这个时钟上发条呢？牛顿相信是上帝。这个并不是说牛顿先做了唯物主义者，年纪大了头脑昏痴信了上帝。牛顿生来是个基督徒，他的成长环境里，根本没有"没有上帝"这个假设。他也从来没有试图考虑过上帝是否真的存在，他的一切行为和研究都是为了证明造物主的伟大。即使牛顿力学的建立，也只证明上帝不去管理自然世界具体的一事一物而只设计规则。我们要十分注意避免用现代人的眼光去看待历史人物，因为我们生存的环境已经与那个时代相去甚远，我们无法跳脱出现在的时势而看待过去，也无法跳脱出现在的时势来看待未来。

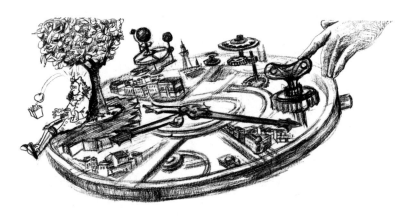

图1-3　经典的机械宇宙观

完美世界的认识是如此的迷人，以至于牛顿之后的两百年之间，人类似乎忘却了也许有不美好东西的存在。一个清晰的，可认识的世界蓝图逐渐在我们面前展开。认识和掌握宇宙的所有知识，只是个时间问题。我们甚至以为整个宇宙的历史都被确定了，所有东西未来也被安排好。我们只是舞台上的演员，到某一时刻演某一出戏。时间的画卷只是在我们眼前展开，作为人类，我们不需要有自由的意识，或者根本不会有。

四 体验的新科学

　　牛顿的工作经其后的理论和实验科学的发展，形成了如今我们称为经典物理学的宏伟建筑。一位 19 世纪末的科学家，若是相信物理学建立在不可撼动的基础上，将永远屹立不倒，那是可以原谅的。经过一代代的科学家、数学家和哲学家的努力，牛顿的宏大设计在 19 世纪末达到了顶峰。看上去经典物理学几乎能够解释物理世界的一切方面：运动物体的动力学中力和运动的相互关系、热力学、光学、电学磁学，以及引力。它的内涵是广大的：从地球上日常经验的事物，直到可见宇宙的最远处。理论与实验观测十分吻合，理论对实验的解释又如此的无可置疑。所有人都认为，即使还存在一些遗留的问题，但与经典物理的基本成就相比，这些问题似乎是微不足道的——百里之行已经走过九十九里半了。

　　然而在 1900 年之后，微不足道的问题竟然将物理学世界颠倒了过来。将经典物理学推广到原子的层面时，我们看到那两百年建立起来的信仰被完全颠覆。量子力学的出现不但证明经典物理大厦可以被撼动，简直可以说是建立在完全值得怀疑的基础上。牛顿物理学是机械的、决定论的、客观的，其含义似乎没有可以怀疑的余地。与此相比，量子物理学的特点是交互的、非决定论的和不确定性的。即使在其被发现后一百年，对物理学家而言其含义仍远不清晰。事到如今，我们应当乐于放弃经典物理为我们建立起来的确定性而接受量子物理带给我们的深刻的困惑。这似乎难以置信，但是要知道尽管简单、直观清晰并且与我们的日常经验相吻合，经典物理在面对量子物理的诘难时却真的失败了。然而，世界的量子描述毕竟是建立在以前经典物理构建的废墟之中。因此，从经典的风景中开始我们关于科学的旅行是适当的。到这里，我们需要讲一下人的认知历史，看看由田园到废墟是怎样的历程。

在牛顿之前，数学本身已经逐渐形成了一套理性的逻辑语言体系，根据我们之后会讲到的哥德尔不完备定理，这样的体系是无法自己证明自己是正确的和完善的。不同的假设可以把我们导向完全不同的理论体系。注意我开始很小心地使用"理论体系"和"知识体系"这样的词汇，这里我们认为"知识体系"是在自然世界的体验中验证过的"理论体系"。比如对平行线公理的认可与否，有欧几里德几何，也会衍生出黎曼几何。人类的哲学思考也类似，一套逻辑体系本身，无论有怎样的修饰词汇，怎样的繁复，一定会在体系内部找到既不能证实也不能证伪的问题。因此，这些问题往往成为对手找到的"阿喀琉斯的脚后跟"。事实上，这里我必须插播一点以生命为代价的争论。

玻尔兹曼（Ludwig E. Boltzmann）与奥斯特瓦尔德（Friedrich W. Ostwald）之间发生的"原子论"和"唯能论"的争论，在科学史上非常著名。按照普朗克（Max Planck）的话来说，"这两个死对头都同样机智，应答如流；彼此都很有才气"。当时，双方各有自己的支持者。奥斯特瓦尔德的支持者是以不承认有原子存在的恩斯特·马赫（Ernst Mach）为代表的当时的主流科学家。而作为少数派，玻尔兹曼常年沉浸在与这些不同见解的斗争中，一定程度上损害了他的心理健康。尽管玻尔兹曼的"原子论"与奥斯特瓦尔德的"唯能论"之间的论战，玻尔兹曼最终取胜，甚至普朗克承认他对黑体辐射的解释借鉴了玻尔兹曼的原子论，但玻尔兹曼似乎一直是少数派。他内心的痛苦与日俱增，又没有别的办法解脱，终于在1906年，他让自己那颗久已疲倦的天才心灵安息下来。对于他的死，普朗克感慨说："一个新的科学真理不能通过说服对手，让对手心悦诚服而建立。只能等到对手们渐渐死去，新的一代开始熟悉真理时才能贯彻。"对普朗克来说，学术争论没有多少诱惑力，因为他认为争论不能产生任何新东西，没有实验检验的辩论是没有实际意义的。"达摩东来，只求一不受人惑的人"，人是可以接受新知识的，但如果已经有了固执的己见，通过思辨来改变他是没有意义的，接着走就是，找到愿意接受的人，或等到人们愿意接受就好。

20世纪30年代，人们才认识到普朗克所指的学术争论在逻辑上有多么的可笑：任何一个逻辑体系自身不能做到完备或自洽，而物理学恰恰是从自然界找来新证据，终结这些因不完备或不自洽而引起的争论问题的唯一通道。或者说，逻辑和数学的工具性从这个时候开始明确，物理学成为人类思维过渡到自然的第一步。它的一侧是人类的理性思维，另一侧是检验这些思维是否正确的自然世界。因此牛顿的工作给了物理这门科学深刻得多的含义。由此人类确立了实证的方法来检验理论是否正确，自然界提供了一个无限大新的假设的库，源源不断地引入哥德尔定理所要求的补充已有理论的"假设"根据。这一点，我们在接下来的内容里还会多次讨论。

这一时期，在奥地利首都维也纳形成了一个学术团体，被后人称为维也纳学派。学派的成员多是当时欧洲大陆优秀的物理学家、数学家和逻辑学家。他们关注当时自然科学的发展成果，如数学基础论、相对论与量子力学，并尝试在此基础上去探讨哲学和科学方法论等问题。受19世纪以来德国实证主义传统影响，加上在维特根斯坦（Ludwig Wittgenstein）《逻辑哲学论》思想启示下，维也纳学派提出了一系列有别于传统的见解。大致来说，他们主张：一，拒绝形而上学，认为体验是知识唯一可靠来源；二，只有运用逻辑分析的方法，才可最终解决传统哲学问题。维也纳圈子的观点统治了 20 世纪中期的科学哲学。维也纳学派主张科学是认知真正知识的渠道，而一个科学陈述要有意义，就必须既符合形式逻辑，又是可验证的。这对于物理学理论发展的意义一目了然。他们的哲学有时被称为逻辑实证主义，其基础是逻辑分析、可验证性准则以及被认可的科学陈述。由此建立的经验实在必须表现为可被我们直接感知的效应、可验证的实在的元素，但是不要期望能够超越这个经验水平，一旦超越了可认知的界限，就会陷入无意义的思辨。

本质上不可验证的思辨，诉诸情感和信仰的辩论，都是不科学的。但是，人们也不拒绝承认形而上学的哲学思辨的价值。人们承认它们是生活中一个正当的部分，但是科学中没有它们的位置。这种对可验证性的强调以及把形而上学彻底清除出科学范畴变为一种坚定的立场。科学家也许认为科学知识必须符合逻辑是不言而喻的，但是严格应用形式逻辑实际上会导致对于语言和词义的无穷无尽的分析。重复、自相矛盾或无意义的陈述必须从科学研究中被剔除出去。有时候，应用形式逻辑的思辨，与其说是哲学家，倒不如说是语言学家的和自相矛盾的数学游戏。这样所有形而上学的陈述都被归纳为科学上"无意义"的。逻辑实证主义清除了哲学中几个世纪以来关于心灵、存在实在和上帝的"伪陈述"，而把它们归入艺术，和诗歌、音乐放在了一起。由此，胡适总结了科学的核心要义：科学的核心在于体验主义，它是一个研究问题的方法。这个方法是：细心搜求事实，大胆提出假设，再细心求实证。一切主义，一切学理，都只是参考的材料，启示新思维的材料。有待证明的假设，绝不是天经地义的信条。体验主义注重具体的事实与问题，不承认根本的解决方案。它只承认一点一滴做到的进步，一步步有智慧的指导，一步步有勤苦的实验，才是真的进化。体验主义的实验方法至少注重三件事：

（一）从具体的事实与环境下手；

（二）一切学说理想，一切知识，都只是待证的假设，并非天经地义；

（三）一切学说与理想都须用实验验证过。

实验是真理的唯一试金石。第一件，注意具体的境地，使我们免去许多无谓的假问题，省去许多无意义的争论。第二件，把一切学理都看作假设，可以解放许多"古人的奴隶"。第三件，实验，可以稍稍限制那上天下地的妄想冥思。

相对比，神秘论是这样的：

（一）信仰绝对真理的存在；

（二）信仰绝对权威；

（三）所有证明都是为了证明绝对权威掌握绝对真理。

神秘论还有几个小特点，特别爱用比喻，特别喜欢拉科学站台，特别喜欢万能钥匙，新名词满天飞，特别喜欢"颠覆"，还特别喜欢阴谋论。这里我不得不贴一篇文章。

五 一百年前的旧文字

我曾说过：现在科学界和舆论界的大危险，就是偏信互联网上的说法，不去实地考察中国今日的社会究竟需要什么东西。那些提倡讲互联网创新的人，固然是不懂得今日的社会需要，那些迷信这样那样的"奇点"、"人工智能"、"量子"、"引力波"高科技新名词的人，就可算是懂得现时社会的需要吗？

要知道科技工作者的第一天职，就是要细心考察社会的实在情形。一切学理，一切已知的技术，都只是这种考察的工具。有了学理做参考材料，便可使我们容易懂得所考察的情形，容易明白某种情形有什么意义，应该用什么样的解决方法。

我这种议论，有许多人一定不愿意听。我最近一直在批神秘论，因为这两三百年来，神秘论给我们太多的教训，让中国始终还是中古国家。什么样的教训呢？这个可分三层说：

第一，空谈好听的"创新"，是极容易的事，是阿猫阿狗都能做的事，是鹦鹉和留声机都能做的事。

第二，空谈舶来的"高科技"是没有什么用处的。一切高科技都是某时某地有心人，对于那时那地的认知和技术的困难提出的解决方法。我们不去实地研究现在的社会需要，单会高谈某某新科技，好比医生单记得许多汤头歌诀，不去研究病人的症候，如何能有用呢？

第三，偏信舶来的"高科技新名词"是很危险的。这种口头禅很容易使民间科学家爆得大名，被官办的科学家用来制定公民素质基准。科研院所和高校的产业转化率之低人所共知，不研究中国产业的实际需求，单从谷歌和苹果舶来新名词，或者似是而非地炒作这样那样的黑科技，都有这种危险。

某种社会到了某个时代，受到某种影响，呈现出某种不满意的现状。有一些人观察到这种现象，想出某种救济的法子。这是技术的起源。技术初起时，大都是一种解决问题的具体方法。

后来这种主张传到中国来，传播的人因为这样那样的目的要语不惊人死不休，要博眼球，便用一两个字来代表这种具体的技术，所以叫它"某某高科技"。技术和方案就成了振兴一方的良药，由具体的计划变成一个抽象的名词。

舶来的新名词的弱点和危险就在这里。不关心具体的产业困难，以为美国人能弄，我们就能弄。你没有看到美国的工农业雄厚背景，只看到美国互联网公司的快销。一定要记得，2%的美国人从事农业养着美洲、欧洲和非洲，连中国都在从美国进口粮食。不求甚解，不明就里，不管什么样的底子，不管什么样的人，都可用一个抽象名词来骗人。这不是"高科技新名词"的大缺点和大危险吗？

我再举现在人人嘴边挂着的"量子"为例。现在中国有几个人知道这个名词是何意义？但是大家都喜欢嘴上说着"量子"来显示自己的高深。至今还有人标榜自己在斯坦福学了两小时的量子力学，可以在商学院讲给人听了。前两天有一个朋友看见我的帖子，大诧异道，"这不是搞量子的马导吗？"哈哈，这就是"高科技新名词"的用处！我深觉高科技新名词的危险，所以现在奉劝科技界和舆论界的同志："请你们多提出一些问题，少谈一些这样那样的黑科技。"更进一步说："请你们多多研究这个问题如何解决，那个问题如何解决，不要高谈这种高科技如何新奇，那种新理论如何具有颠覆性、如何奥妙。"

现在中国应该赶紧解决的问题真多得很。从东莞的大批工厂倒闭到江浙沿海县里一个产业一个产业的消失，从山西煤炭的滞销到河北钢铁的产能过剩，从P2P（互联网金融点对点借贷平台）的跑路到大学毕业生找不到工作……哪一个不是火烧眉毛的紧急问题？

我们不去研究工厂怎么从1.0到2.0，却高谈人工智能，不去研究煤炭怎么卖，却高谈石墨烯怎么年产万斤，不去研究纺织小厂如何渡过难关，不去问为什么我们做不了圆珠笔尖的小钢珠，却高谈阔论无人驾驶！我们还要得意扬扬夸口道，"我们所谈的是美国人也在弄的问题，我们要弯道超车"。老实说，这是自欺欺人的梦话！这是中国制造业破产的铁证！这是中国经济改良的死刑宣告！

为什么谈新名词的人那么多？为什么研究问题的人那么少呢？这都由于一个懒字。懒的定义是避难就易。研究问题是极困难的事，高谈新名词是极容易的事。比如研究钢铁产能转化，研究工业产品的质量提高，研究设计和文创，这都要费工夫，花心血，收集材料，征求意见，考察情形，还要冒险吃苦，方可得一种解决方案。又没有成例可援，又没有柏拉图的话可引，又没有《大英百科全书》可查，全凭研究考查的功夫，全凭匠人心态，这岂不是难事吗？高谈新科技的舶来主义便不同了。上网搜一搜，看看谷歌，游学去名校里旁听两节课，约老外教授站个台，便可以高谈无忌了！这岂不是极容易的事吗？高谈新科技、不研究问题的人，只是畏难求易，只是懒。

凡是有价值的思想，都是从具体的问题下手的。先研究了问题种种方面的种种事实，看看究竟问题在何处，这是科研的第一步功夫。根据毕生积累的经验学问，提出种种解决的方法，提出种种医病的丹方，这是科研的第二步功夫。然后用一生的经验学问，加上想象的能力，推想每一种假定的解决方法，该有什么样的效果，推想这种效果是否真能解决眼前这个困难问题。拣定一种假设的解决方法，通过不断的实验来验证，这是科研的第三步功夫。凡是有价值的技术进步，都是先经过这三步功夫来的。不如此，算不得科学家，只可算是抄书手和传声公。

读者不要误会我的意思。我并不是劝人不要研究一切学说和一切舶来的新名词。学理是我们研究问题的一种工具。没有学理做工具，就如同王阳明对着竹子痴坐，妄想"格物"，那是做不到的事。种种学说和新技术，我们都应该研究。有了许多学理做材料，见了具体的问题方才能寻出一个解决的方法。

但是，我希望中国的科学工作者和科学宣讲者把一切"高科技新名词"摆在脑后做参考资料，不要挂在嘴上做招牌，不要叫一知半解的人拾了这半生不熟的"名词"，去做口头禅和新时代里旧思想的招魂幡。"高科技新名词"的大危险就是能使人心满意足，能幻想弯道超车，自以为寻着了包医百病的药方，从此用不着费心力去研究具体问题的解决方法了。

但凡读书认真的人，都可以看出这篇文章百分之九十都是照抄胡适先生的那篇著名的《多研究些问题，少谈些"主义"》。可惜的是，近百年过去了，这篇文章还是一针见血地针砭时弊，是我们从来没进步，还是他从来没过时？

六　科学共同体

　　我们认知世界的时候，不得不用已有的经验来学习了解新的事物。站在巨人的肩膀上往前看，这是人类认知的习惯，也是一个无奈而懒惰的过程。在浩瀚的知识和复杂的实证主义所需要的设备里，很多时候我们只能选择相信一群被称为科学共同体的人们提供给我们的信息，而无法亲自检验。这时候，科学共同体的声誉和职业道德成了这些信息可靠性的背书。我不懂，你懂，你不能忽悠我。因此，科学共同体，作为一个群体，对自己的职业道德要求也极高。

　　我的一个朋友兰迪，是量子调控圈子里的翘楚。原子物理学界二十年前有一场血雨腥风的厮杀。这事情的起因在 1924 年，印度物理学家玻色（Satyendra Nath Bose）和爱因斯坦（Albert Einstein）预言，物质除了气态、液态、固态和等离子态以外，存在第五种状态，后人称为玻色—爱因斯坦凝聚态（Bose-Einstein Condensates，BEC）。为了得到这个新的物质状态，物理学家在不同的实验里寻觅了七十年，谁都知道摘取这个物理的桂冠，诺奖就是囊中之物。1995年夏天，寻找原子气体中的玻色—爱因斯坦凝聚的竞争白热化起来，有几个研究小组昼夜不停地加班做实验，大家离成功都只差一步。三十出头的兰迪是这一研究方向的领跑者。不出所料，兰迪的研究小组第一个发表文章，宣布获得了玻色—爱因斯坦凝聚，但没多久他的实验结果就受到质疑，在他为自己结果辩护的过程中，另外两个研究小组也获得了玻色—爱因斯坦凝聚。而后的研究，虽然证明兰迪当时的结果是对的，但当时他急于发表尚有疑点的实验结果，"不够具有专业精神"。在2001年颁发的因为实验获得玻色—爱因斯坦凝聚的诺奖里，就没有了兰迪的名字。

科学共同体极其爱惜自己的羽毛，这不光是严格的道德约束，更多的是出于一种长期的严格训练而养成的说老实话的习惯。这形成一种相互背书的氛围，因为没有人真的能把所有的事情都亲自做一遍，只能相信你的伙伴和你具有相同的科学训练和道德要求，他们不会给你提供虚假的和有偏好选择的数据和结论。这有点像英美的案例法体系，因为不像大陆法系有明确的法律条文规定犯什么罪要判多少年，法官就有了极大的自由度。量刑多少，怎样控制法庭流程，甚至怎样影响陪审团决定，都是法官说了算。这时候，谁来监督法官呢？除了制度之外，规范法官审案水平的是法官们建立的声誉共同体，案子判得不好，除了当事人可以上诉之外，法官还会被同行嘲笑。这样的风气，甚至可以从一些很小的细节看出来。耶鲁法学院毕业的学生，会有自己的毕业戒指，这是身份的认同。当一个社会温饱和财富都不成问题的时候，身份认同成了新的社交工具，因此会有标志性的身份识别。而对于律师和法官群体，耶鲁法学院的戒指，既表明了辉煌的读书史，也表明了立场，不会为五斗米折腰。因此，科学共同体在长期的训练和交流中，形成了对学术声誉的爱护，这个爱护，让他们不屑、不敢，甚至潜意识里不会去做违背科学道德的事情。

与英美的案例法体系不同，欧洲大陆有大陆法系，有明文规定哪些事情可以做，哪些事情不可以做，以及僭越之后的代价。这样的思路沿袭了经典科学的习惯，假设人的行为可以被规范，可以被法律条文一条一条清楚描述，这里潜在的认识是默认人的行为可以被静止的、孤立的文字来说明。同样，经典科学也是这样，我们用语言和定理来描述自然界，希望这些定理可以客观地描述和预测自然界，甚至在这些预测上可以接受我们的改变。但当一个人忽略了自然世界和人生体验之间的关联时，就容易让自然形成一幅与人类利益无关的事物的图画。把我们对自然的认知看成固定的和孤立的东西时，它很容易成为压抑心灵和麻痹思想的根源。人甚至把这种认知得到的结论看作缺乏自省的工具，灭亡人类的工具。第一个例子是热力学的奠基人玻尔兹曼对"热寂说"的思考：宇宙是个大的封闭系统，所以熵迟早会增加到最大而不会再有任何事情发生。这个问题让玻尔兹曼如此困惑，他似乎觉得没有了希望，就自杀了。第二个例子是原子弹，我依然不敢说原子弹的发明对人类未来意味着什么，会不会最终失控，但至少在它被发明之后，人类认识到能够彻底毁灭自身的武器出现了。但正因为它的强大，它的杀敌一万自损八千的性质，人类最和平的时代降临地球，整整七十年没有大的战争，这个对人类历史来说是个奇迹。如果换一个互动体验式的逻辑，原子弹本身也教育了人类。第三个例子，顺理而言我们也可想到人工智能。虽然有奇点理论，人们警惕人工智能进化到最终将统治人类，我依然不太担心。正是把科学看作固定的和孤立的技术的想法，才会让人相信人工智能会成为灭亡人类的工具，而如果我们可以把科学本身看成一个与人类自身紧密关联在一起的共同体，也许情况并没有那么糟。

科学的发展史，是人类在了解自然、处理社会问题和了解自身时，寻找更加有效的工具而扩大认知疆域的历史。这样，当利用科学来认识世界，把它看作人类对世界体验而认知的一部分，我们会坦荡、安心得多。它可以让我们在人类的三类问题里得到满意的答案。量子力学最近二十年的发展似乎在告诉我们一件事，世界跟我们习惯的经典科学所建立的孤立的、客观的、实在的认知不太一致。我们也因此意识到，目前所掌握的认知方法与世界的真实之间是不那么和谐的。然而，似乎我们还没有新的工具来避免这种认知缺陷。我们在婴儿时学习的语言会在语言与事物、概念、内涵之间建立联系，成年以后就会有已知的知识来做认知的媒介，把未知的和已知的联系起来。量子力学所阐述的思维与我们传统认知习惯的不同在于无法用我们已知的逻辑来了解它。我们必须重新像婴儿一样认识世界，建立新的世界观，这需要我们能够抛弃已有的经验重新去寻找、认知和掌握工具本身。

在杜威的《经验与自然》里，杜威在量子力学尚未诞生的时代通过体验主义的思考而得到的结论与量子力学所启示我们的新的认识世界的思维方法有很多可以类比的地方，这种相似让我觉得不仅仅是巧合。而我们也不必因为缺乏实证而刻意回避，毕竟我们也还在系统地寻找这一关联的实证。玻姆（David Bohm）努力地把量子力学和哲学联系起来，他发展了量子力学的整体论解释，而彼得·圣吉（Peter M. Senge）把他的观点引申到了管理学。然而玻姆讲哲学我多少还有些不放心，因为玻姆整体论的可靠性还有待看清，他的讨论依据毕竟多少跟新近的实验有些出入，最近二十年发展的量子力学与玻姆在世的时候的已经很不一样。

我还要啰嗦地强调由物理学建立的学科体系结构。任何一门现代科学理论都努力从尽可能少的基本假设开始，进行数学和逻辑的演绎，得出结论或有所发现，最后经过实验检验而确立。理论体系内部必须是自洽的，即不能在系统里就存在彼此矛盾的命题。理论的基本假设是不需要证明的，它们往往产生于归纳总结的经验。但理论本身无法自证其正确，深入的讨论和辩论只能确认逻辑方法使用的是否得当，而对于结论是否经得起考验，系统内部的推演是无法保证的，我们很快就会谈到这个结论的深层次原因。

物理学就提供了一个理论与自然界实践检验的界面。比如说牛顿力学的三个基本假设：惯性定律，加速度和力，相互作用定律；后面是微积分作为工具。八卦一句，牛顿发明了微积分，但他的《自然哲学之数学原理》中的证明完全由几何给出，也是牛人够牛的表现。狭义相对论的两个基本假设，光速不变和物理定律协变性原理，后面是高中数学，这个不夸张，我在十三岁一场大雨之后的半夜，在自家小书房里推导了一遍狭义相对论的基本结论。广义相对论的两个基本假设，引力质量等效为惯性质量和协变性原理；后面是黎曼几何，这对于一个搞实验物理的人来说就太难了，我不仅没有建树，根本就没学懂。

推翻一个理论体系的办法也很简单，找出一个实验，而只要一个实验就能否定理论的基础假设站不住脚，但这也是唯一的办法。不要尝试攻击它数学工具的使用不当，任何一门学问建立良久，有

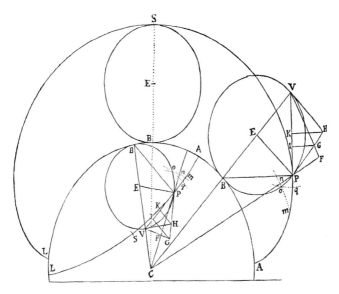

图1-4 牛顿在《自然哲学之数学原理》中的几何证明

成千上万参与者翻来覆去地推导，要相信他们不会在数学上犯基本的低级错误。在北大读物理的时候常有人在门口贴大小字报，要这样那样地否定相对论。要知道相对论不是数学或逻辑的问题。找一个实验，或者证明光速不变不对，或者证明协变性原理不对就够了。北大的物理学院本科教育非常扎实，不管物理学得怎样，这套清晰的体系结构，让我在后来的学业中受益匪浅。

我们接下来说说科学理论体系的几个基本原则，至于为什么是这样，我们并没有太深层次的理论来支持。杨振宁先生讲科学的

"美学"要求，也许如此吧。

可以这样想象，人不过是一个基因载体。基因可以自我繁殖，指挥人干这干那，人努力吃喝拉撒求生存完全是为了它能够复制传播。等人老了不好用了，它可以把这躯体扔掉，在一个新鲜的身体里延续自己。基因千万年前从某个星球飘过来，利用地球上的资源，造出来人，把地球上的资源消耗掉，等消耗光了再指挥人发明一个机器把自己运走。"聪明的"人类，你以为你是谁，不过是个基因为了自己的延续而借用的工具。所以也别担心你吃啥信啥，你不过就是一具走肉，也别担心你道德不道德，守法不守法，这些跟你都没关系。不是"你"指挥的，是基因决定。犯了罪，把法官的基因提出来，也把你的基因提出来，大家放到一个试管里。等着坐多久的决定"也是基因为着种群的利益决定的，演出戏给人看。

当然，这样的故事还能没完没了地编下去，也能冠上"科幻"的名头，因为我用了"基因"这个科学名词。而事实上，我没有任何证据表明这样的猜想是不正确的，它无法被证伪。因为我们对基因的了解还没有那么深入，对于它们能不能思考，怎样思考，甚至它们的意识和我们的意识都没有任何了解。到底哪个对？我们怎么来了解事实的真相？类似地，还有宠物或家畜养殖。我们自以为是的从以人为中心的角度来想我们统治万物。然而谁又能否认宠物利用人，实现了种群繁衍的目的呢？大多数的家畜在自然界并没有很强的生存能力，牛不过是行走的一片肉。在自然竞争中牛的数量会受食肉动物的控制，然而牛征服了人类的胃，使种群发扬光大，狗和猫征服了人的孤独而发扬光大。它们的壮大，满足了人，但也挤压了其他种群的生存空间，渡渡鸟灭绝的部分原因就是作为外来物种的家猫捕食渡渡鸟的幼鸟。这样讲，我们无法从逻辑上否认"宠物"比人聪明的假设，不一定是谁利用谁。

地心说并不是要求所有的行星绕着地球转，地心说也看到了其实行星绕着太阳转会更合理。所以数学家设计了"本环"，这样行星绕着太阳转，太阳再绕着地球转。以现在计算机的计算能力，我们不断地把本环加到模型上，对天体的行为也可以做精确的预测。日心说和地心说现在看来没什么十分的差别来判定哪个理论一定是正确的。但极简原则告诉我们，日心说会使模型简单得多，往往我们觉得"极简化"的理论结构会揭示事物更深层次的关系。

在构建一种物理学理论时，我们应当寻求将观测事实联系起来的最为经济的方法，我们不应把"除必须以外"更深刻的意义赋予这个理论。在这一因素的考虑下，统治宗教多年的托勒密的地心说逐渐被淘汰，而哥白尼的日心说胜出。在科学使用的概念里，比如本环或理论所描述的实体，如果它们自身是不可观察因而也不能验证的话，这样的理论事实上是没有太多实际意义的。只有那些我们能够感知的元素才是实际存在的，探寻那些我们不能感知的物理实在是没有意义的：我们只能知道我们可以体验的事物。因此对于上边说到的"基因"对"人"的控制，我们既无法感知，又无法提供新的证据来证明这个说法的可靠性，做谈资是有趣的，做学问是没有价值的。同样的态度，当我们评论流行的互联网科幻，不怕得罪读者，《三体》、《失控》、《必然》，莫不如此。

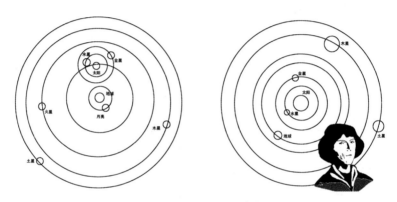

图 1–5　日心说还是地心说

在研究光速不变问题的时候，人们测不出来光相对以太在不同方向上运动时的速度变化。这成为开尔文勋爵（William Thomson, Lord Kelvin）在著名的跨世纪演讲里提到的两朵乌云之一。当然，物理学家会为此做出解释，寻找合理的答案。爱因斯坦不是第一个解释光速不变问题的，这之前，还有洛伦兹（Hendrik A. Lorentz）。

19 世纪后期麦克斯韦（James C. Maxwell）在电磁学里建立了麦克斯韦方程组，标志着经典电动力学取得了巨大成功。然而麦克斯韦方程组在经典力学的伽利略速度变换下是有问题的。由麦克斯韦方程组可以得到电磁波的波动方程，由波动方程解出真空中的光速是一个常数，跟在哪个参照系没有关系。而速度的伽利略变换跟我们日常生活的经验是一致的，人在火车上跑，人相对于地面的速度就是人相对于火车的速度加上火车相对于地面的速度。同理，光在地球上沿着地球自转的方向发射和背着自转方向发射，都会受到地球自转速度的影响，这两个方向上光速应该是有差别的。然而麦克斯韦方程却说，没有，完全没有，光速直接就能从方程里推导出来，而与光相对于谁运动没有关系！

麦克斯韦方程没说哪个参照物，不等于人可以不想啊。于是按照经典力学的时空观，这个结论应当只相对于某个特定的惯性参照物成立，人们把这个参照物所构成的光得以传播的介质叫作以太。光相对于以太的传播速度是每秒 30 万公里，而我们不得不赋予以太多种奇特的假设，来使这种介质与其他已知的规律相 "和谐"。比如以太应该极硬，因为波在越硬的介质里传播越快，声音在空气里的传播速度每秒只有 300 多米，但在钢铁里可以到每秒 5000 多米，而光速可以到每秒 30 万公里，那以太真的要非常非常硬。但为什么我们人又不会被卡在以太里面呢？以太只对光波是硬的，其他物质却都感觉不到。这后续的一系列假设太神奇了。

物体相对于一个绝对的参照物运动，是要遵循伽利略变换的。光源以某一速度相对于以太运动，光借助于这一速度而相对于以太的运动速度变化是至少可以观察到的。这被 1887 年的迈克尔逊—莫雷实验（Michelson-Morley Experiment）所否认，迈克尔逊花了大量的时间和精力改进设备，却测量不到光因为地球相对于以太参照系运动而引起的速度变化。

1904 年，洛伦兹提出了洛伦兹变换用于解释迈克尔逊—莫雷实验的结果。根据他的设想，观察者相对于以太以一定速度运动时，长度在运动方向上发生收缩，抵消了不同方向上由于光速产生的差异，这样就解释了迈克尔逊—莫雷实验的零结果。但长度为什么会在运动方向上收缩呢？这本身又需要一个新的假设。而爱因斯坦说，伽利略变换是有问题的，只要假设光速在任何一个参照系里都不变，而不需要有以太这种神奇的介质，一切都会简单得多！

我们在追求理论的合理性的时候，往往最后归诸极简原则。当新的理论没有给出更多的可以通过实验检验的内容时，或者不能解释比以前理论更多的问题时，我们往往选择一个假设最少的而数学表达最为简洁的理论。我们往往有一种没太多根据的信心：一个简洁的理论会揭示更深层次的内容。至少，当你以这个简洁的理论去拓展对新世界的认知的时候，手里的工具不会给你造成太大的麻烦，简单往往意味着顺手。

经典理论并没有解释科学真理是什么，它是如何产生的，以及它如何与世界相联系，而且它使得这一切更为费解而神秘化了。的确，我们不应该满意于这样一种真理化的科学，它反而使科学的概念更模糊，甚至使得世界的存在成了一个棘手的问题，如果有绝对真理的存在，它允许我们认识吗？它可以描述世界吗？还是它本身也是存在的世界的一部分？这继而导致了一部分科学家可以用追寻这些真理的来源为理由引向超自然力量的安排，而一部分人，像我，并不认为这进一步的假设是必要的。

我们要时刻警惕得出结论前的先验倾向，因为测量结果往往是由测量的方式决定的。科学的态度要求我们在对具体问题的探究中，不得不提醒自己把信念和理论预期悬置起来，在获得足够的证据之前保持怀疑的能力；愿意依照证据来行动，而不是首先做出带个人偏好的结论；把我们所有的观点当成待检验的假设来使用，而不是将它们视为待表明的和待提供更多证据的教条；乐于寻找新的探究领域和新的问题来验证这些假设。

传统的经验论者被牛顿的成就所吸引，因为我们根据经典的牛顿世界观构造了一种关于根本的、客观的、实在的体系。这些经验论者也发展了类似于牛顿机械论的认识论。在这些认识论的指导下我们将知识理解为稳定的、完整的实在，可以作为确切表象让人被动接收。这种思维同样渗入了我们的教育习惯。

但自 16 世纪以来，科学已经发展出一种体验性的模式。根据这一模式，知识在本质上是由假设所引导的实验构成的行动的、操作性的事件。也就是说，科学并不是只有通过获得实在的准确图像才能获取世界的表象。科学将知识理解为预言和控制自然变化进程的实践性过程，它是一套掌握和理解，甚至预言这些实践性事件的方法。牛顿之后的哲学家们承认，哲学必须与科学结盟，哲学家们不能再使认识论独立于科学之外。在发展一门新理论的过程中，我们也必须发展更合理的经验观，意识到传统理论错在哪里，有哪些成立的先决条件和适用的范畴。我们要时刻意识到，人类已经建立的经典化的关于科学的论述不是交互的和体验性的，而常常强调或默认科学研究的任务在于回答真理必须是什么，这一前提所做出的推论往往成了以科学为名义的神秘论的基础。

我们曾经定义：科学是什么，或者科学的理论是什么，而且把它作为一种衡量事物的绝对标准，什么是科学的就高大上，什么是不科学的就怪力乱神。但如果我们重新审视科学的过程化本质，相信科学本身是实践化的，以科学认知为体验的过程，而不把科学当作绝对真理的终点，我们自然不用去提什么"走近科学"。对一个需要体验的、可变的、工具性的方法，我们只有是不是掌握了，是不是应用了，而不存在离得远近的问题。杜威的思想由体验主义实践，在众多案例中被验证了。这本书可以看作为体验主义精神提供自然世界的基础。这又是一个以体验主义得出的方法，我们生活的世界应该是一致的，应用于物理学的思维方式，应该与其他领域的经验是一致的，否则我们没法说明哪里是方法的边界。而这幅关于自然的图像和我们每一点的技术进步、每一个工程设计、每一个公共政策的设计都是相关的，我们应该随时检查一下它所依据的基础，并且找出产生这些结论的方式和原因。所有成功的科学探究都遵循这样的体验主义模式，这种模式可以被表述为四个步骤，套用《心经》的讲法：

（1）受：观察，感受事物本身。为事实和现象的关联感到困惑、混乱与怀疑，这时人们处于一种事物现象特征尚未确定的不完整的境遇中；

（2）想：对感受到的现象做试探性的解释，做出理性分析和推测性的预期，构造理论框架；

（3）行：对所有可定义与可说明的问题进行仔细的调查，检验、审察、探测与分析，在已有的理性框架下设计可以控制的实验来验证理论的可靠性；

（4）识：对假说进行详细阐述，使其更加精确、更加连贯，从而与更大范围内的事实相一致；将所提出的假说视为一种可以应用于自然世界的行动方案，采取某种行动以实现预期的结果，并把这个假说作为拓展新知识的新基础。

体验主义的核心特征是它放弃了知识自身具有某种目的性和普适性的传统观念。从体验主义的角度看,认知是在经验中解决问题的实践行为,认知的价值是工具性的而非真理性的。知识的旁观者,"客观理论"不得不认为"人的问题"超越了科学探究的范围,是主观而不确定的。但一旦放弃了旁观者的理论而采用体验主义所倡导的实践论,我们就发现没有理由对人自己的问题做出限制。"假设"被认为可以保证对进一步探究的引导,而通常是可以修改的、容错的,需要经过未来探究的检验。失败的假设被修改或被放弃,成功的假设被证实,但并不被接受为"绝对真理"。在杜威看来,认识论所关心的不是"知识",而是认知,是对有问题的情境做出的改变行动,是一种探究过程。用量子语言来讲,观测和认知的过程,是一个因事物关联而交互的过程。探究对有问题的情境做出回应,其目标是解决问题。相应探究就是在不确定的情境中提出假设并开展实验性的操作。但我们必须在探究中采用实际的手段,说明为什么固有的、传统的和流行的方法不适用,而这也要求我们采用新方法时要做可靠性的说明。

杜威从体验主义的角度归纳说,我们寻求的终极解决方案或者真理化的逻辑实体不应被看成永恒完美的,而应被看作我们继续去认识世界的工具或阶梯。我们在利用这些工具去开拓未知时,也要时刻提醒自己这些工具也会成为我们限制自己行为和认识能力的枷锁。在下一章，我们将学会这样的表达，用量子的语言讲，我们因为测量坍缩了部分世界，因为描述和沟通的需求而凝缩了思想，我们不得不这样做来建立经典世界和量子世界的沟通，但这种坍缩同时为我们开启了更广阔的未知世界。经典哲学努力地寻找终极理论或最终正确的真理，然而科学本身的发展一次又一次地申明了一件事情："也许那里从来没有过最终的真理，我们只是不断地找到更好的解释。"

七　科学与技术

　　科技，科学和技术是两条相互缠绕共生的路径。科学的发生基于大量的技术实践和积累，它在大量因技术而获得的信息里，提取出有用的、有规律的、可以继续延伸出新东西的内容，而科学反过来又指导和促进技术的进步。这两百年来随着工业化的深入，科学发现已经是工业化的流程，千万人做铺垫，一些人做突破，很少再有或者根本不可能再有一个人从头建立一个学科的机会。民间术士往往有这样的幻想，深山修炼二十载得一宇宙真理，一朝破晓天下名。殊不知，即使两百年前，这种事也从未发生过。在工业化的今天，任何一个领域，都有千万人深入钻研，奠定了扎实的基础，唯有踩在前人已确立的基石上，我们才有些许的突破。科学和技术上的"颠覆"、"创新"、"突破"都是要非常非常小心和警惕的。更多的时候我会相信科学共同体的声音，经过长时间的历练和选择，这群人小心地呵护自己的背书，小心地维护自己的学术声誉。当然，这中间也出现了很多"专家"，你尽可以用我们将要提到的"神秘论"的判断工具把他们轻松地分辨出来。

但既然谈到科技，我们还是说一说中国的个案。对中国而言，这个问题很痛心，我们早走了四千年，还是在最近的两百年被赶超了。故纸堆里翻翻，民间艺人聊聊，奇技淫巧我们确实也不少，那么为什么科学就是没在中国这块土地上发生呢？这里，我们很不严肃地先从汉字说起。汉字于中国文化实在是个多少有点纠结的存在：它表意，独立于发音。与拼音文字不同，不管发音怎样，汉字传达的意思是一致的。方言是个天生的东西，在没有录音和广播的时候，方言自然产生出来。对一件事物，不同地方的语音表达是不一样的。相邻的村子和村子都能形成不同的发音，地域广阔语音自然也千差万别。独立于发音的文字促进了大国家的统一和历史的延续，即使在千里之外，皇帝发来的文件一样能读得明白；不管隔了多久，上下几千年，我们一样知道古人文章的意思。中华文化是四大古文明里唯一有连续历史承袭的，汉字的表意特点功不可没。但也正是独立于发音，汉字的读写就成了一项专门的技术，会说话之后也要花几年专门的功夫才能学会认字。对拼音文字而言，只要会说话，读写很快就不是问题。好不容易学会了写汉字，能读懂圣谕，自然学以致用去当官，所谓"学而优则仕"。没有机会掌握识文断字这门手艺的手工业者就只能停留在社会底层，他们的技术发明、生活发现无法被及时地记录下来、流传出去以得到广泛的认知，而形成稳定的积累。技术发明往往被视为独门秘籍，父子相传，"师父留一手"、"传男不传女"，很快消失在历史长河里，再由别人单独发现。这样技术发明在不断的发现中遗失，又被发现，又被遗失。在中华文明的历史里，技术缺乏沉淀、积累、综合和被总结归纳的机制，因此基于技术积累甚至是信息冗余而出现的科学就一直迟迟没有发生。

玻璃就是一个例子。中国的玻璃发明于战国，当然也许还会更早，然而就失传了。法门寺的出土唐代文物里有供奉佛祖舍利的玻璃器皿，然后又失传了。元代前后又从波斯传回中国，但一直是个被极少数人掌握的技术，没有被传播普及。玻璃这个东西有多大用呢？同样是波斯人的玻璃，元朝时候传入了中国，也传入欧洲。欧洲人发现玻璃可以做眼镜，矫正视力。烧玻璃的技术传播开来，满大街眼镜店，至今欧洲还有很多传统的玻璃店，把玻璃作为一门艺术。而后有了那个著名的传说，一个意大利眼镜店老板的儿子在店里玩镜片："爸爸，我看到教堂塔尖的小鸟了。"这样诞生了望远镜，有了伽里略改进而用于观测和记录行星运动，进而有了开普勒关于天体运动的三定律。这些知识积累和传播了百十来年，最终落到了牛顿手里，当然还有同时期的胡克（Robert Hooke）等其他人。于是诞生了万有引力定律，有了经典物理学。经典物理学的成功催生了所有其他科学，人类第一次看到代表上帝威严的诸神住所的星球，是可以用公式来描绘的。上帝用牛顿的脑袋给了人类智慧的苹果。

现代科学因此发源于欧洲，西学东渐最初很慢。几百年前，一般人包括大多数中国人，看不到科学的意义。西方传教士为了传教用科学技术来向我们展示西方文化，比如敬献给乾隆的地球仪、望远镜和钟表，而中国人称之为"奇技淫巧"。只有很少数的中国知识分子在翻译西方科学著作的时候，深刻地体会到西方科学的强大，远优于我们自己的"奇技淫巧"。

技术为科学提供了基础，科学实验本身就是对大量可重复实验的比较和归纳的技术。科学反过来给技术发展以指导，使得技术进步有更加明确的方向性，两者相辅相成。技术发明如火药而未化学的，如指南针而未电磁学的，再传回中国的时候已经是坚船利炮，已经是现代科技的具体表达了。

然而过了一百五十年，吃尽苦头的我们再来做科学时，很多人，甚至一些从事一线研究的科学工作者都还是没有了解科学的精神，用着大清末年的古代的思维习惯操作着最时尚的科学仪器。我们很多的产业工作者，包括企业家和投资人，也用着不合时宜的头脑，试图把握现实的科技的片羽吉光做高谈阔论的谈资。有个笑话，说非洲食人族部落里的土著小孩，被英国殖民者抓到牛津去读书，学成归来，回到部落里。很多年以后，一位探险家找到了这个部落，酋长说着一口流利的牛津腔，一问是牛津的毕业生。探险家说，那你还吃人肉吗？酋长说，人肉还是要吃的，不过我现在用刀叉了。我突然想起另一位牛津的师兄在他的小说《围城》里写的民国时回国的洋学生，"喝着咖啡聊梅毒"。

我们为了强调自己文明的久远，或者自己文明的伟大，要标榜上"西学东渐"，"中学为体，西学为用"，这样把东西方对立起来，说明西方文明强调物质而东方文明强调精神等，但事情恐怕没那么简单。我们常从自己的角度比较东西方文化，但站在全球发展的角度，东方文化未必是一个特殊的存在。这话怎么讲？其实印度文化有印度文化的特色，非洲文化有非洲文化的传承，印第安有印第安的味道，欧洲也有文艺复兴前的特点，单独作为中国文化，未必具有出类拔萃的特殊性。在欧洲文艺复兴现代科学思想诞生之前，这些古代的文化都是未经证实的人类关于自然、社会和内心世界三类问题的猜想。这些猜想散漫而零碎，与智商或现代化与否无关。如果相信最近这些年基因考古学的证据，不同文化种群的人都起源于七八万年前一支一千多人的非洲部落，人的智商在这么短的时间内不会有本质的差别，那么文化就成了形成地域间发展不均衡的主要因素。说这话的要义在于，也许我们可以不要先入为主地把东方文化看成一种特殊的独立存在。而比照人类同时期的其他文明，你一样会为人类感到惊奇，它的文明程度，对世界的认知和了解，一点都不比我们的东方文明差。而所有的文明，东方的、印度的、非洲的、美洲的、欧洲的，都输给了现代科学。人类掌握了现代科学的方法，才在自己所有想法里面，知道哪些是可以验证的，哪些是尚需证据的，哪些是神秘论的，哪些是无法深入的。而发生在一百五十年前的东西学之争而延续到今日的，不是东西文化的冲突，而根本是古代中国与现代世界的冲突。

虽然我对日本人实在没有什么好感，据父亲村里的老人讲抗日战争里日本人烧了我曾祖父的骡马店。但我们尽可坐下来慢慢研究他们，这种平心静气的了解，反而是对自己的文化颇有信心的表现。1885年，日本人福泽谕吉写了《脱亚论》，这篇文章对日本的影响，可以从福泽谕吉的头像被印在一万日元大钞上为证。那这篇文章到底说了什么呢？有兴趣的读者可以翻看全文，我们这里实在觉得有碍节操，不必展开。日本的案例说明了至少一件事，掌握了现代科学的国家，才有系统的方法来保护自己的文化传统。从那之后，日本开始系统地放弃古老的东方神秘论的传统，全盘接受西方文化，接受现代科学思维方式，跟古代决裂，推行现代化。十年不到，打败了亚洲第一强大的海军，二十年不到打败了欧洲国家沙俄，不到一代人就成为亚洲第一强国。为了防止被断章取义而扣上大帽子"长他人志气灭自己威风",我还是要说明白点,日本用了二十年把自己进化成一个现代国家,说明不是文化的问题,而是思维方式的问题。老老实实接受现代文明和现代的科学思想,科学思维方式对国家的促进是惊人的。沉迷在中古的思维方式里,再过一百年有什么用呢?觉悟得早有什么用呢?世界文明史上我们都走了四千年,落后也是最近这两百年的事。

八 科学和信仰

　　在深入讨论科学之前，我们先聊一下艺术。我的哥哥是油画家，所以我从小耳濡目染，多少被艺术熏陶过，而且很随大流地喜欢毕加索（Pablo Picasso）。在欧洲和美国的时候，一有机会，我就会去看毕加索的画。对毕加索最好的传记，当属泰治·丹尼尔森（Tage Danielsson）的电影《毕加索奇异旅行》，导

图1-6　格尔尼卡，*Guernica*，1937，毕加索

演把整个片子拍成一幅毕加索的油画，观众如果深谙毕加索的创作风格，常常会心一笑。有人说毕加索的画小孩子也能画，好像每一幅都是信手拈来的涂鸦，三四岁的小孩子也能画得差不多。连毕加索本人也说，我14岁就能画得像拉斐尔一样好，之后我用一生去学习像小孩子那样画画。然而我们要说的是，这绘画也许形态上有相似，但两者有着本质的不同。

看一幅油画，我们常常去分辨这里是什么，那里是什么，试图用确定的语言去描述一幅油画，但这就像庖丁解牛，不见其牛而见其经脉，多多少少是不够的。比如《格尔尼卡》(*Guernica*)，我们为什么要去看到怨妇、亡婴、惊马、硝烟呢，只看到慌乱、惊恐、呐喊和愤怒就够了。

看到作者所倾注的思想，不一定要通过他所借助的对象，简单地从作画的线条和手法也能看到他的心境。比较《坐着的多拉·玛尔》(*Dora Maar*，1937) 和《哭泣的女人》(*Weeping Woman*，1937)，前者笔调舒缓，线条流畅，后者笔触铿锵，用色沉重，作者的情绪喜好跃然画布之上。再看久些，多拉似乎不仅仅是画家的得意，狭窄的背景似乎寓意着什么，一点点压抑？对了，战争就在不远。时间再往前一点，我们先看看毕加索14岁时的画。

《赤脚的女孩》(*The Barefoot Girl*，1895) 是毕加索在14岁时的作品。画中是一个普通的邻家女孩，衣着朴素，不太干净的围巾

图 1-7　坐着的多拉·玛尔，
Dora Maar，1937，毕加索

图 1-8　哭泣的女人，*Weeping
Woman*，1937，毕加索

胡乱地搭在肩上，粗糙的脚显示出
家境贫寒。与粗手大脚相对应的是
姑娘纯净的眼神、匀称的脸庞，以
及忧郁、娴静的神情。毕加索让人
物正面坐着，他利用光的明暗突出
层次感，裙子颜色从红色到暗红色
渐变起伏，使得画面具有了一种三
维透视的效果。《赤脚的女孩》这幅
画并不纯粹以技法取胜，毕加索在
14 岁的时候可以着力捕捉同龄模特

图 1-9　赤脚的女孩，*The
Barefoot Girl*，1895，毕加索

儿的内在气质和生命力，表现在画中的强烈的视觉和情感对比才是这幅画引人入胜之处。毕加索本人对《赤脚的女孩》也相当满意，一直将它保留在身边。惊讶了吗？我们试图说明，也许成年的毕加索的画作看起来随意，像小孩子的涂鸦，但笔触之下的沉淀是成就这一切的深厚基础。

对孩子来说，掌握的绘画技法和工具几乎没有太多的选择，通过它所表达的内容和思想也受手段的限制。对于一个有深厚功底的画家而言，这样的表达形式可以有确定的目的和意图，他可以根据内心的想法随意选择表达方式。事实上，毕加索和他前后的一代艺术家解答了现代影像技术出现后绘画艺术往哪里走的问题。绘画不再是对现实世界具体事物的摘录，而是画家本人思想和情绪的宣泄。从这个意义上，他们揭开了现代艺术的大幕。

科学也许有时候跟我们老祖宗或者这样那样的古老文化有类似的表述，但其中所蕴含的深意和对世界的认识基础是完全不一样的。表述上的相像并不等于我们以科学方法认识了世界之后又"返璞归真"而没有意义。作为后来者，科学家选择这样的表达方式是一种自由，或是一种恶作剧式的幽默，或者不情愿与已有的文化习惯完全割裂开，但科学家完全可以选择另外的表达方式。对古人而言，表达思想时没有更多的选择，因为处于认知幼年的人类，不能自由地控制工具，不能更清楚地了解自己的需求，除此之外，别无他法。

这本书里，我尽量避免用类比的方式来论证。所以每逢要有类比的嫌疑，我总要多说几句看似直白的废话。人类文明的早期，我们对自然、社会和内心，总有这样那样的想象，然而我们缺乏在这些想法里分辨出哪些靠谱、哪些不靠谱的有效手段。当然，从后来人的角度，总能根据已经发生的结果来筛选有用的、有点道理的、说得通的素材作为依据，但这并不代表前人的智慧比后人更好，我们反而应该惊讶于后人的智慧，这都能说得通？！很多时候，我们会觉得古代哲学的一些东西跟我们根据现代物理理论得出的说法有点类似，那么是不是说现在的东西证明了古代的哲学的这些讲法是正确的呢？你会听到有一种说法，当科学家费劲爬上山顶的时候，发现神学家已经在山顶了。我想说的是，也许会有类似的陈述和用词，但认识过程是绝不同的，认识的深度也是绝不同的。只有理解了这一点，我们才不至于托古改制，才能有甄别地批判和继承文化里好的东西。这，是个负责的态度。

欧洲先民尼安德特人的时代，语言还没有今天那么精致复杂，然而他们（这里避开了用"人们"这个词，因为有人说他们还不是现代智人）在漆黑的岩洞里画下出现在自己脑海里的东西，不只是奔牛，而且有规则的线条、斑点。这些东西，即使是现代人把自己关在黑暗的屋子里冥想，也会出现在脑海里。所以就有了艺术，作为映射大脑里幻影的工具，成为另外一种交流和表达思想的手段。

而语言本身只是人类所拥有的诸多交流方式中发达而稳定的一种而已。人有时得意地庆幸自己的无知，这份恰到好处的无知，让我们不被可描述的文字屏蔽掉艺术本身的味道和艺术家本人的思维。酿一瓶酒，作一幅画，写一支曲子，都是思维和创造艺术的过程。而作为欣赏者，从一杯酒、一幅画、一支曲子里看到作者折射在里面的欢乐、悲哀、愤怒等等所有思维的过程，从而感慨，从而理解。这些交流，怎么能用语言来表达呢？语言能够传递的信息总是不够，其余的部分我们把它留给艺术。

艺术本身像一面镜子，折射出人的思维，透射人的内心深处。而镜子的缺憾在于信息的存储是短暂的，即逝的，就像很多艺术表达方式一样，原来的声音消逝了，即使还有这样那样的物质遗存，都不是不可以另做他解。人类拥有了语言，唯物论里讲人要用语言才能思考。但这个说法真的有点不那么确凿。人类的思维远远比人类的语言的能表达的更丰富，用来沟通的语言和文字，无论使用多少词汇，也仅仅能表达人类思想的一部分。中国古人真是聪明，明镜非台，菩提无树，尽在不言中，不管懂不懂，只消不说话就好了，但这真是没有提供任何经典意义上的信息。

同样，我们在读书的时候往往有这种经验，被要求去总结中心思想，我至今不明白这样做的出发点是什么。文字必然要有文字的冗余才好看，凝缩成一句话的是标语，比如鲁迅的文章不应该过

图 1-10　尼安德特人史前岩画

分解读，如果每一句话都憋着要骂谁，可想而知这样的文章写起来戾气有多重。文字也像是艺术品，太多的涵义作者难以表达在字里行间，即使落成黑纸白字，涵义也会延伸，当读者接受了我们下一章所讲的关于信息的概念，会觉得这样想是个多么自然的过程。文字只是暂时坍缩的思想，它还是会引申出来新的意义，被再次诠释而具有新的生命力。这不是作者的智慧，而是读者的生活阅历的反映。这又让我想起人阅读习惯的改变。按理说电子图书出现已经很久了，但也许是我自己被纸质图书训练，似乎电子书从计算机到iPad到手机，并没有压缩我读纸质书的时间，只是把不读纸质书的时间利用了起来。而读书的时候，可以有更多的联想，在旁边写更多的东西，这个感受是电子书无法给我的。这时候书和大脑形成了关联，而这个关联，与电子版的图书与大脑形成的关联似乎不同，不能相互替代。

在牛津的最初一段日子，我跟基督教走得很近。跟那时很多留学生一样，在我看来，教会是一个友善和关爱的社群。我在教堂的钟楼学敲钟，牧师和我每周约谈。圣吉尔斯教堂的牧师安德鲁·邦奇（Andrew Bunch）读大学时修物理，研究生时读神学，所以宇宙起源不是一个我们需要回避的话题。这又回到我们前面讲的理论体系结构，很多科学家也是基督徒，对他们而言基督教信仰更多代表了社会契约和道德，而上帝不过是"自然世界"的另外一个称呼。而关于假设的存在，有些人，像我，停止在这样那样的假设本身，而有些科学家会相信这些假设之前有更甚一步的假设。我相信的假设如牛顿三定律，但有人会问是谁设计了这样的假设。"谁"即造物主，设计了这些假设。到底要不要往前推一步，我们无法证伪，于是只有各自抉择了。我停在了物理的假设和实证主义的逻辑作为信仰基础，也不反对甚至鼓励别人往前一步，选择不同的信仰。

这里要补充一个关于自我正义化的逻辑。这个正义化是人的内心需求。在牛津的时候KB常常跟我讨论关于中国的一切，他经常把他最近读过的关于中国的书借给我读，在周五下午课题组的Lamb & Flag酒吧时间跟我讨论。我读过一本小说，《鸿：三代中国女人的故事》。作者从当军阀小妾的外婆讲起，讲到她的妈妈高中时做地下党，解放后成为共产党的基层干部嫁给了红军"老"干部的爸爸。一路讲到反右斗争中父亲被打倒，自己和弟弟妹妹"文化大革命"中上山下乡。"四人帮"倒台之后工厂推荐她上了大学，通过出国交流的机会而定居英国。小说通过三代人的经历讲述了中国近百年的社会变迁。这本书成为英国当年最畅销的小说。上半部写解放前还不错，符合我的习惯认识，但下半部写到解放后对毛泽东政策的描述有些过于偏颇，让我很不舒服，有些情节颇怀着刻骨仇恨和被迫害的臆想。周五喝酒时，我跟KB说起我正读这书但感觉不好。先生讲，每个人都会基于自己的经历justify their ways of living（将自己关于生活的选择正义化）。这个过程近乎是潜意识的，自己甚至察觉不到。每个人都会受自己成长经历影响，形成自己看待问题的观点，进而说服别人，随着阅历的增加寻找更多的证据来支持自己的选择，从而得到内心的平静。她要找到一个立足点来说明自己是个爱国者，但又要证明爱的不是现在的国家，去国是个无奈的被迫选择。这个理由不仅仅是说给别人听，更重要的是说服自己。午夜梦回，伊人憔悴，故国神游，人还是不能回避自己的内心，要给自己一个交代。同样的原因影响到我们自己看问题与世界的方式，所以在对一个事物给出评价的时候，我们也应该不断地提醒自己注意，是否有潜意识的自我正义化使我们忽略了事情的另外一些侧面。这又在很大程度上映证了我们一再讲到的观点：我们面对一个复杂世界，不存在绝对的真理，而只有相对正确，科学只是在很多解释中找到相对靠谱那个的方法。

我的博士论文开头引用了《论语》中的一段文字：仰之弥高，钻之弥坚，瞻之在前，忽焉在后。颜渊在表达对孔子的敬仰之情，高山仰止，越看越高，仔细研究夫子所讲的学问，越深入越觉得深不可测。但诡异的是接下来的两句"瞻之在前，忽焉在后"，明明瞧在前面，但又跑在了后面，这个似乎话语上有点不通，这，不是量子的叠加态吗？因为"看"而使"对象"在前后两个叠加的位置上坍缩了。所以我在博士论文里开了这个玩笑，然而它正说明了这个问题。我想颜渊在《论语》里表达的思想，绝不是与量子的叠加态有关，但这句话如今以"我"的经历和训练，重新诠释为量子现象的一个描述。

传统的理论说我们通过"语言"来思维，语言传达的是经典信息，可以被记录、被复制和被传达，一旦用语言记录下来就可以被"01"代码化。但事实上，我们真的是靠语言来思考的吗？如果是这样，那么我们要音乐、美术这些东西做什么呢？可以被记录的语言是经典信息，但是人类的交流本身可能不都是用经典信息完成的。跟朋友聊天，说的话是一部分，更多的信息可能通过环境、氛围、眼神和表情来传递，这些信息可能需要无穷多经典信息来描述，就是我们经常说的"体验"。《世说新语》里说"雪夜访戴"，王子猷居山阴，夜大雪，眠觉，开室命酌酒。四望皎然，因起彷徨，咏左思《招隐诗》。忽忆戴安道。时戴在剡，即便夜乘小船就之。经宿方至，造门不前而返。人问其故，王曰："吾本乘兴而行，兴尽而返，何必见戴！"按照经典信息来说，就是啥也没有啊，但从体验和情感交流来讲呢？这故事流传了一千六百年。

思想一旦变为文字，就发生了诸多思绪和材料的坍缩，但它又可以在读者那里获得新的再延伸。作为有限集的文字，表达的内容也会有限。而我们的思想中总有一部分是近乎量子信息的东西，这些信息似乎大量是冗余，但却是我们思考和表达的一部分，请允许我再次使用这个不严格的说法。一旦写成文字，或者用语言来表达，它总需要无穷多的语言来准确描述我们的想法。这个没办法，你说清楚了一个字，就要用更多的字来解释这个字，你能想象人类是怎样去写第一本字典的吗？事实上，整本字典的所有词汇是相互定义的，我们会很轻易地发现，如果没有字典之外的生活经验为依据，作为工具书的字典什么都没法告诉你。

文字一旦被写下来，流传出去，与别人的经验相结合，产生了与别人生活经历的关联和对照，就可以有不同的解读，从而衍生出新的想法和诠释。值得注意的是，这个过程不断地发生，虽然我们读的是一段相同的文字，但由于环境和时间的不同，个人的经历和体验不同，甚至解读的动机不同，我们从文字里感受到的内容也可以不断地发挥。这样文字也可以当作艺术品，如同一幅油画，画家画自己想画的，观众看到自己想看的。我们下一章要讨论，当电子经过双缝干涉之后，它们在屏幕上形成干涉条纹，完成了观察者第一次测量。但这些电子并没有静止或消失，它们跟测量的系统发生关系，继续运动，继续演化，形成新的痕迹。虽然彼此的关联变化了，坍缩掉了，但它们又跟其他系统发生了新的关联，这些关联同样表达为新的量子信息的关联，再次测量，会因为坍缩产生新的经典信息。这个经典的信息，可以跟第一次测量到的结果有关系，但也不完全一致。

同样，我们来看一看《心经》。

观自在菩萨，行深般若波罗蜜多时，照见五蕴皆空，渡一切苦厄。舍利子，色不异空，空不异色，色即是空，空即是色，受想行识，亦复如是。

关于"色"和"空"有很多不同的版本的解读。此处我们把"色"理解为物质实体，不把"空"单纯理解为虚无，而诠释为"变化而不恒久"，这句话的意思就明白一点。观自在菩萨对舍利佛尊者说，物质实体和变化是没差别的，变化和物质实体是一致的。因智慧而到达思想的彼岸时，会明白人从不同渠道感受到的东西都是可以变化的，因此不必执着于一成不变的真理。

再用我们下一章要讲到的量子信息的说法来诠释一遍。信息有两类，一类是经典信息，一类是量子信息。"色"可以解释为经典信息，就是已探索到的那部分，"空"可以诠释为量子信息，就是尚未坍缩的那部分。这两部分信息是可以互相转化的，当观测、感受它们的时候，无论通过受、想、行、识哪种方式，都会导致量子信息向经典信息的坍缩。但经典信息坍缩以后，并不老老实实待在那里而停止，它会继续跟其他系统发生关联，建立起新的量子信息内容，翻来覆去，亦复如是。

我们大可以牵强地说量子力学又证明了佛经的正确，但要说明的是，量子力学的建立是基于我们前面讲过的科学方法，通过实证一步一步建立起来的。用它的逻辑来诠释两千年前的话，总是可以说得通。但作为原话的作者，是否有这样的远见，你说一定有，因为他是佛，亦可；你说没有，亦可。总之牵涉到信仰的问题，我们坚持本书的一贯态度，因为回到了无法证伪的命题，信或不信都好，没有争论的意义。

九　捣蛋鬼哥德尔

　　语言文字总是个麻烦的事情，因为任何一种成形的人类语言总可以被这样那样解释。当语言本身被写下来成为文字的序列，少了语音、语调和语气乃至说话时的氛围、场景时，它所携带的信息就丢失了一部分，而被记录的文字又可以被这样那样地解读，作者写作者的，读者读读者的。文字本身只是一个思想交流的载体，至于交流什么，并不能唯一确定。数学家早就意识到人类的日常语言作为交流工具的不稳定和不靠谱，所以力图创造一套符号和公理系统。使用这套系统，数学家就可以避免如上所说的不确定，避免不同读者的不同诠释而造成麻烦。比如在证明一个问题的时候，无论用法语还是英语，总会难以避免地用一些"因为"、"所以"、"这样"、"那样"的词汇，而这些基于自然语言的词汇是逻辑证明中被认为最不准确的东西。

科学总充满邪恶的精彩，哥德尔（Kurt Godel）便是例子。萧伯纳讲，吹牛这事情通常我自己来，别人都吹不到点子上。然而哥德尔已经不在了，我们只好请爱因斯坦为他站台。那么哥德尔对逻辑学和数学基础做出的工作到底有多重要？爱因斯坦说他晚年之所以坚持每天都走路去办公室，是因为在路上可以和哥德尔聊天。

哥德尔的贡献要从希尔伯特（David Hilbert）雄心勃勃的计划说起。德国著名数学家希尔伯特出生于东普鲁士的哥尼斯堡，他是一位名副其实的数学大师，"数学界最后一位全才"。希尔伯特力求为整个数学体系寻求一个坚实的基础，他的目标是将整个数学体系严格公理化，用"元数学"——用来证明数学公理的数学，来证明整个数学体系是建立在牢不可破的坚实基础之上的。他对这个伟大的架构是这样规划的：首先，要将所有数学内容形式化，让每一个数学陈述都能用确定而唯一的符号表达出来，让每一个数学家都能用定义好的规则和符号来处理数学定理和论证的陈述。这样就可以使数学家们在思考任何数学问题的时候能够彻底摆脱自然语言的模糊，取而代之的是毫无含糊之处的符号语言。比如说，我们是可以把"因为"写成"∵"，"所以"写成"∴"，这样可以避免用"缘起"、"由于"、"理由是"、"远因"、"近因"，或者"since"、"for"、"because"、"as"之类的词带来的麻烦。这样，数学家们就有了一套严格的自己的语言。这套语言不会有歧义，并且跟数学家日常生活语言区分开来；接下来第二步证明数学是完整的，也就是说所有为真的陈述都能够被证明，而所有伪的命题都能被证伪，这被称为数学的完备性；然后再证明数学是一致的，也就是说不会由理论内容推导出自相矛盾的陈述，这被称为数学的一致性。完备性保证了我们能够证明所有的真理，只要是真的命题就可以被证明；一致性确保我们在不违背逻辑的前提下获得的结果是有意义的，不会出现某一个陈述，它既是真的又是假的，保证了自相矛盾的情况不会出现。在保证一致性这个前提之下，又有了完备性，那么任何一个数学命题都可以被证明或者被证伪。这就是说，对于任意一个数学猜想，不管它有多难，假以时日，通过一代又一代人的努力，总是可以知道这个猜想对不对，或证明它或证伪它。换句话说，在数学中，通过逻辑推演，我们必定能够知道我们想要知道的东西，了解事情的真伪只不过是个时间问题。最后，希尔伯特期望可以找到一个算法，用此算法可以自动地、机械化地判定数学陈述的对错，这被称为数学的可判定性。你可以想象这是一个多么宏伟的计划，一旦达成，人们就可以坐下来，看着一个又一个数学定理被证明出来，就好像"哆啦A梦"的口袋，一个又一个定理自己蹦出来，我们拿着用就好了，或者把它订成书直接出版。

希尔伯特计划先在基础的数学领域中进行这样的形式化，比如数学里的算数系统，然后再将其推广到更广阔的数学系统中，最后实现整个计划。在希尔伯特提出这个雄心勃勃的计划以后，许多数学家都投入了对于这个问题的研究，其中包括英国人罗素。伯特兰·罗素（Bertrand Russell）自 1910 年开始花了三年时间，写他著名的《数学原理》。就像开尔文勋爵说物理学界的大厦已经建立一样，这一代人希望数学的大厦也会因为这项伟大的工程而完善，以后只是定理中的符号代表哪个具体名词的修修补补的问题了。但希尔伯特的伟大工作严格意义上还没有完成，就出了一个"坏人"，捷克人哥德尔，1931 年，他宣布对算术系统的希尔伯特探索的最终胜利，然而他的这个终结者式的胜利意味着以希尔伯特和罗素为首的野心勃勃的数学家们过去二十多年的"终结者计划"的终结！哥德尔说明即使把算数这样简单的数论形式化之后，也总可以找出一个合理的命题来，既无法证明这个命题为真，也无法证明它为假。希尔伯特伟大工程的第二步、第三步是根本无法完成的。举个例子：我们说"这句话是错的"。判定这句话是对还是错的时候，我们发现，它既没法被判定为"对"，也没法判定为"错"，而这样的问题在数学逻辑体系中普遍存在。哥德尔的结论后来被称为哥德尔不完备性定理。这个不完备性定理包含两个内容：

第一，对于任意的数学系统，如果其中包含了算术系统的话，那么这个系统不可能同时满足完备性和一致性。也就是说，要是我们能在一个数学系统中做算术的话，要么这个系统是自相矛盾的，要么有一些结论，即使它们是真的，我们也无法证明。

第二，对于任意的数学系统，如果其中包含了算术系统的话，那么我们不能在这个系统的内部来证明它的一致性。

哥德尔不完备性定理的证明过程很复杂，但是其核心思想运用了逻辑学里"自指"的概念：这个陈述"陈述"了它自己。这又被称为罗素悖论：定义一个集合，它包含所有不包含自身的集合，那它是否包含自身？推广算数系统到一般的形式逻辑来讲，哥德尔构造了一个命题，这个命题陈述的正是它自身的不可证明性，表达为：

不存在对这个命题的形式证明。

• 如果它是真的，那么它是不可证明的，说明系统是不完备的，因为存在一个真的而又不可证明的命题；

• 如果它是假的，那么就存在一个对它的证明，这样它应该是真的，这又说明了系统是自相矛盾的、不一致的。

这就是哥德尔第一不完备性定理。然后，我们再来考虑一致性的问题：

假定系统是一致的，也就是说不会自相矛盾，那么我们刚才提到的命题就是不可证明的。如果我们能在系统内部证明系统的一致性的话，就相当于在系统内部证明了那个命题，这与不可证明性是矛盾的。也就是说，这个假设是错误的，在系统内部不能证明系统本身的一致性。

由此，哥德尔证明了他的第二不完备性定理。如果我们假定数学不会自相矛盾，我们就必须承认数学是不完备的，也就是说有那么一些数学命题是不可判定的，我们既不能证明它们为真，也不能证明它们为假。

　　自从哥德尔不完备性定理被证明以来，越来越多的数学系统内的问题被证明是不可判定的。而它也迅速扩展到一般的逻辑体系。哥德尔证明在一个逻辑系统中，一定会产生无法证明且无法证伪的命题，而这个逻辑系统的限定条件非常的宽泛，几乎覆盖了所有逻辑范畴，它不适用的范围，反而成了我们现在需要探求的问题。从本质上讲，哥德尔不完备性定理否定了两件我们习以为常的事情：

　　其一，真理的否定。我们建立的逻辑系统里，推理的根本目的就是澄清这个逻辑系统内部每个命题的真伪，这是理性精神的基本体现。但哥德尔证明这是妄想，即使在一个不自我矛盾的逻辑系统内部也会有这样超出理性的范围：包含无法证明亦无法证伪的命题。假设我们发现了这样一个命题，它是这套已知逻辑体系之外的，即已定义的逻辑体系对它无法证明亦无法证伪。通常我们的解决方法是：将其补充进入整个逻辑系统的公理之中，然后在其基础上进行推论。但是现在发现这种做法也是徒劳，因为你即使补充进来了新的公理，根据哥德尔定理，仍然会有新的超出理性能力范围的命题在这个被补充之后的公理体系内出现。

其二，方法的否定。不存在一个通用的方法能够判定一个命题究竟是不是无法证明且无法证伪的。假使我们知道一个方法来判断一个命题是否是这样的命题，我们就可以节省很多的时间和精力，不浪费在理性能力之外的命题上。但是哥德尔定理告诉我们：这样的方法是不存在的。你可能针对某个具体的命题来进行单独的证明，但不存在通用的方法。

总之，哥德尔定理告诉了我们数学和逻辑的极限，这也几乎是人类理性的极限。它证明理性不是无所不能的。对一个理论体系的逻辑范畴来说，只要这套体系建立起来，以有限的假设被陈述和表达，就会存在这样的问题：不管这个理论框架构造得多完美或多繁复，它只要被描述成基于一条一条的假设而由逻辑和数学得出的一条一条的定理，这个体系本身就一定存在这样无法被证伪也无法证明的非理性问题。我们自然可以对这样的问题给一个说明，限定它在某一前提下成立，这样这个问题就是可以被解决的。但当这一前提也被容纳进来的时候，又成了一个更大的不可自证明的假设集合。哥德尔说明：这样矛盾的事情是普遍存在的，每一个理论体系都存在这样的问题。当然，我们人是不会受这件事情困扰的，我们总能给出一个新的假设来化解当前的矛盾，或者很快意识到在做一个无稽的判断而终止。但作为自动化的逻辑体系，机器人没法在有限的时间内意识到这是个无聊的问题，它会不断地重复推演，直到新的逻辑规则告诉它该问题可以被证明或被证伪。而哥德尔定理对方法的否定又阻止我们可以预先设定当某一类问题出现时机器人可以不予理会的企图。从这个角度，哥德尔的不完备定理指出了人工智能与人之间的关键差别。以目前的框架而言，人工智能在我们看得到的时间内与我们有本质的不同。

好吧，回头看我们习惯上以为天经地义的逻辑体系。为什么要不断地提到我们要小心自己习惯的假设呢？欧几里德几何原理中的公理之一：等于同量的量彼此相等。这个很显然啊，比如我们说两个东西都跟第三个东西相等，那么这两个东西相等。举个实际可以操作的例子来说，我们做如下陈述：

A）甲等于丙；

B）乙等于丙；

Z）甲乙相等。

作为一个找茬的，我可以承认A）B）两个假设是对的，但第三个陈述Z）我表示怀疑，不一定吧。事实上，从物理上来讲，还真的不一定，以长度测量来举例。

从实际操作的角度来考虑，"这个东西"拿尺子量长一米，拿尺子去量"那个东西"也是一米，那么这个东西跟那个东西是不是一样长？我们假设这是对的，通常情况下我们认为这当然是对的。

但我们知道大多数东西的材质都是热胀冷缩的。用尺子去量"这个东西"的时候，尺子处在"这个东西"所在地的温度，把尺子挪到"那个东西"所在地的时候，尺子的长度跟处在先前地方的尺子的长度不一定是一样的，因为这个地方和那个地方温度可能不同，不能保证这个东西和那个东西一样长。

所以我们要补充新的要求，必须要在同一个地方量，不能挪地方。现在我们需要有四条假设：

A）甲等于丙；

B）乙等于丙；

C）假设A）B）在同一地方发生；

Z）甲乙相等。

但是现在我们面临一个新问题，同样的地方测量也存在测量先后的问题。第一次测量时的温度和第二次时的温度不一定一样，地点没变，但可以一个在早上测，一个在中午测，中午气温升高了。那这两个东西的长度还是有可能不一样。所以现在假设里面又要多一条，就是说必须同时测量。现在陈述就变成了五条：

A）甲等于丙；

B）乙等于丙；

C）假设A）B）在同一地方发生；

D）假设A）B）在同一时间发生；

Z）甲乙相等。

　　熟悉物理定律的读者可能马上意识到一个问题，当我们谈及同时同地的时候，这个定义就相当的麻烦，它难免涉及狭义相对论里关于同时同地的定义，那里还有两条假设，即光速不变假设和协变性假设。好吧，我们绕开这个麻烦，直接要求两次测量时温度相等，即，

A）甲等于丙；

B）乙等于丙；

C）假设A）B）成立时温度相等；

Z）甲乙相等。

　　但这又是一个细思极恐的描述，这不就是温度的定义吗？热力学第零定律：如果两个热力学系统中的每一个都与第三个热力学系统处于热平衡，即温度相同，则它们彼此也必定处于热平衡。我们用这个办法定义了温度本身！

　　其实哥德尔的不完备性定理不是个陌生的问题，只不过我们通常把它作为偶尔出现的特例，把它们归纳为悖论。我们还可以举几

个例子：

1. 理发师给镇上所有不自己理发的人理发。那么理发师给自己理发吗？

2. 下一句是假的。上一句是真的。

3. 人不能跨过同一条河。

"咱俩明天河边见。"但我们没定义什么是同一河边，你所想的河边和我所想的河边可能不一致！我们说在河边见的时候，是在大家公允的假设下讨论的，是一个通过经验、习惯和社会共识达成的默认结果。这个结果事实上不能被理性严格描述，这也还是哥德尔所描述的问题，需要无法穷尽的确定概念来表达。我们不只要认为：这条河名字一致就是同一条河；我还要说在这个地方的这条河，因为隔省也有一条一样名字的河；加上时间、地点、空间、水流、泥沙、地质环境、地球运动等等，对同一条河的限定就可以无穷多。没有默认的不需陈述和罗列的共同认识，我们不用再见面了。像我们在后面的章节里要讲的量子信息一样，在陈述一条可描述的经典信息的时候，我们需要无穷多的共同"默认"的常识来为这句话背书。这里我还是要强调，这是一个小心的陈述，"量子信息"在这里只表达了不可穷尽的经典描述集合，它与已知的量子信息的对应关系有待证明。

事实上为了让逻辑体系够完备，需要不断地往这个体系里添加新的限制条件，而哥德尔指出，这样的工作在理性严格的要求上是没有穷尽的。建立一套公理体系，如果要求这套公理体系完备所需的假设就可以是无穷多条的，而我们知道真实的世界里，无穷是个非物理的定义。我们通常只能做到在有限的局部限定下展开论述，体系内部一定会有不能自己证明自己的描述。为了让它完备，你需要给已有体系一个新的假设，而把这个新假设囊括进来，这个被扩大的新体系又有了问题。明确了这一点，当我们希望发生有意义的讨论时，必须在讨论开始之前限定我们讨论的前提是什么，必须要先界定我们讨论的范畴，讨论双方默认我们不讨论这假设允许之外的议题和定义，除双方认可，不引入新的假设，否则的话，就会导致我们讨论的基础不同、彼此无法说服。

为了在建立新理论过程中避免尴尬，我们需要承认公有的假设基础，不去问这些假设为什么是这样，为什么不可以有别的。我们只在适当的假设体系内讨论问题，并且设计实验去验证这些推论是否正确。对科学探索而言，我们并没有尝试建立一个无法撼动的真理体系，而是通过不断自我否定的小心翼翼的方法，试图去扩大我们认识的版图。从这个角度讲，我希望读者可以触类旁通，为什么我们对民间科学家的发现不会太在乎。因为任何人都可以建立一个理论体系，而验证这个理论体系是一个艰巨的复杂的过程，往往需要建立在已有的方法上，与已知世界的体验相对照。而自然世界成为为哥德尔的不完备诘难提供新假设的源泉，宇宙深处的奥秘永远为新的探索提供"多一个假设"的可能。物理学因此成为人类理性思维和自然世界碰触而得到验证的第一道界面。狭义相对论有两条基本假设，光速不变和协变性原理。很多人都想推翻狭义相对论，于是要从光速不变入手，假设光速是可以被超越的。但事实上狭义相对论并没有说光速不可以被超越，只是在这个体系内，光速的不变性解释了为什么牛顿力学在速度接近光速的时候出了明显的问题。接下来有大量的实验证明光速不变这个假设是站得住脚的。人们当然可以不以此为终结，尽可以提出新的假设，构建新的理论体系，但如果没有实验验证和支持，这样的假设就没有实际的意义了。我们永远无法在体系内部去推翻体系本身，因为这个体系内部总不能自己完全证明或证伪。这也是我们经常开数学家的玩笑，说你们那是人文科学，而物理学才是自然科学的深层原因。自然界总会给我们更多的线索和维度来拓宽和检验我们的认识。给出新的假设成立的证据来扩大假设体系是建立一个新理论的唯一出路。这又被哥德尔言中，他就是告诉我们人类要不断地这么做，这才是我们认识自然的规律。于是做科学和数学的人都好开心，吃不完的饭，永无终结！

我想我肯定是把读者搞糊涂了，两件事作为这一节的收尾。第一，无神论者会邪恶地问"上帝能造一块他举不起来的石头吗？"

这就有点讨厌了，因为你不承认我们只在假设体系之内讨论问题的这一基本原则。对于任何一个理论体系都有这样的问题，但对人类来说，从来就不是问题，亲爱的，我们不该讨论这个问题，上帝既然能造你，也就能让你问出这样的问题来让你表现自作聪明。这就牵涉到第二件事，人工智能。同样，机器人也无法回答这样的问题，对于人类，我们似乎有一种面对理性而玩世不恭、严肃不起来的能力，让我们不断地为理论体系找出更多的假设而跳出圈外，但从基于理性逻辑体系的机器人身上我们还看不到这样的能力。人类从不会因非理性而困扰，人可以选择合适的时候闭上眼睛不去回答这个问题，或者主动寻找一个新的维度来弥补现有理论体系的不足。这是人主动学习和探索的自由度，但还不是机械的自由度。从这个角度来说，人依然要做很多机器人做不了的事情，这也是机器人在短期之内可能没法取代人类的原因之一，因为机器人的逻辑是被定义在一个有限的可描述的逻辑体系之内的。

今天我们谈人工智能，努力想让机器来代替所有的事情，让计算机来替我们完成所有对自然的描述、所有的逻辑体系、描述所有的模型计算，这不正是罗素在《数学原理》这本书里想做的事情吗？我们没有用抽象的数学符号"∵""∴"，甚至用了更简单的符号，只是用01的组合字符串来代替。但是哥德尔已然证明这件事情有内在的不完备性或不一致性。这给了人工智能一个警示，我们试图用一个有限长的计算序列来表达、计算和证明所有理论模型，事实上不也有这样的问题吗？做人工智能的人会跳出来说，图灵机可以模拟任何一个算法：一个抽象的机器，它有一条无限长的纸带，纸带分成了一个一个的小方格，图灵认为这样的一台机器就可以模拟人类所能进行的任何计算过程。然而，图灵机是一个无穷长的序列，物理上我们无法制造一个真实的无穷序列。图灵早就知道这是个问题，"停机问题"在根源上限定了现有的计算机体系无法具有人思维的自由。相反，为了阻止人工智能有一天失控，我们倒是可以现在就开始组织对付人工智能的颇为"恶意的"、"搞笑的"问题，这些问题让机器人不知所措，因为它的理性的严格把自己困住。而哥德尔不完备性定理保证了机器人永远猜不出我们下一个问题是什么，哪一类问题是它不需要判别的。因为哥德尔说了，没有一个通用的方法来判别问题是否是不能被证明也不能被证伪的。我们定义计算机的一个算法，或者编写一个程序，它的计算规则只会是一个有限的范畴，一旦需要跳出这个范畴，机器自己就无法完成。无论把假设的体系做得如何完整、如何庞杂，这样潜在的危机是必然存在的。作为自然的一部分，我们人总有这样的智慧可以跳出已有的限定而给出新的假设，相比较计算机作为一个有限设定下的理性体系，我们没看到类似的智慧。就像我们要讨论的量子力学一样，我们可能要首先从这个角度去了解自然是怎么回事，才能了解人的智慧是怎样来的，进而试图让机器像我们人一样思考，这个过程恐怕还要三百年。

哥德尔的不完备体系和现代科学研究方法一脉相承。在建立一套理论体系之前，我们不得不先在讨论的范畴之内达成共识，不去对范畴之外进行讨论。范畴和假设之内的讨论是有意义的。在假定之内推演而得到结论。但这个结论是否有效，需要通过更多的实验来证明，实验扮演了新的检测维度，但这个检测维度在新的假设体系内部我们还是永远无法再证伪。于是我们小心翼翼地说明在现有可观测的实验范围之内，这个理论是正确的。我们永远不排除新的实验现象发现了原来理论无法解释的问题，从而需要在已有的理论体系里纳入新的假设。现有理论体系的矛盾被新的假设解决之后，又成为一个已知体系，就又会有不完备的地方。整个知识体系由此不断进化，不断向更大的未知扩展，而不会是一成不变的。这事实上否定了神秘论所宣传的绝对真理的存在，没有一个真理囊括了全部事实，也没有一个方案可以解决所有的问题。所以哥德尔启示的是一套完全不同的知识体系。这套研究和认知世界的办法，我们把它叫作科学。

我一直不喜欢用过多的比喻。如果把我们已认知的内容为圆内的集合，未认知的内容在集合圆外。当圆面积越大的时候，圆周所接触的外界未知也更多。作为科学工作者，从来对世界和未来有敬畏，仰之弥高，钻之弥坚。年轻时有种幻想，后人们阅读今日我们的文字，他们会怎样看我们今天的幼稚呢？但他们也会羡慕我们，那么容易就跑到了边界，而对他们来说要跑很远。也未必，人类的新科技能让他们省点劲，比如现在的孩子们不用再花时间去背九九乘法表和拨算盘了。而事实上，随着我们认识视界的扩大，我们看到的还未被认知的范围也更广阔。

图 1–11 《天使与恶魔》（左），《打结的莫比斯环》（右），埃舍尔

埃舍尔（Maurits C. Escher）是荷兰的版画家，《天使与恶魔》是他的代表作，类似的画作还有《同心圆》、《四面体星球》、《大与小》、《行星循环的界限》和《打结的莫比斯环》。一直到今天我们的电子游戏《无限回廊》、《纪念碑谷》都有埃舍尔版画作品的影响。哥德尔启发了埃舍尔，埃舍尔启发了现代的平面设计。真理与

命题之间的矛盾，似乎是悖论的必然表现。这个表现的本质在于，它证明了"真理"本身的相对性，而"绝对真理"只能建立在体系完备的基础上，哥德尔定理证明了这是不可能的。当人们追求"绝对真理"的时候，实际上就已经偏离了追求"真理"的正确道路，其结果是：发现绝对真理这件事情本身就是悖论。我们退而求其次，只求方法的靠谱和在限定前提下相对可靠的结论。

十 神秘论

"'科学救国'已经叫了近十年，谁都知道这是很对的，并非'跳舞救国''拜佛救国'之比。青年出国去学科学者有之，博士学了科学回国者有之。不料中国究竟自有其文明，与日本是两样的，科学不但并不足以补中国文化之不足，却更加证明了中国文化之高深。风水，是合于地理学的，门阀，是合于优生学的，炼丹，是合于化学的，放风筝，是合于卫生学的。'灵乩'的合于'科学'，亦不过其一而已。'五四'时代，陈大齐先生曾作论揭发过扶乩的骗人，隔了十六年，白同先生却用碟子证明了扶乩的合理，这真叫人从那里说起。而且科学不但更加证明了中国文化的高深，还帮助了中国文化的光大。麻将桌边，电灯替代了蜡烛，法会坛上，镁光照出了喇嘛，无线电播音所日日传播的，不往往是《狸猫换太子》、《玉堂春》、《谢谢毛毛雨》吗？老子曰：'为之斗斛以量之，则并与斗斛而窃之。'罗兰夫人曰：'自由自由，多少罪恶，假汝之名以行！'每一新制度，新学术，新名词，传入中国，便如落在黑色染缸，立刻乌黑一团，化为济私助焰之具，科学，亦不过其一而已。此弊不去，中国是无药可救的。"——鲁迅《花边文学·偶感》

我不希望把这本书写成一本关于神秘论的讨论集，也不希望书里的任何内容被神秘论的拥趸当作证据证明这样那样的神秘论和它们的衍生品。说这话真的是哀其不幸怒其不争，在这个国家被神秘论的信仰而耽误了几百年几千年之后，还是经常发现人们用新的方法和工具来做旧的事情。胡适批判过神秘论，冯友兰批判过名教，这些文字过了一百年翻出来，还是触目惊心。神秘论并不可恶，很多时候发现的灵感来自大胆猜想。但我如此地憎恶神秘论，是因为这些年在国内的所听所见，越来越多地让我看到了神秘论根植在国人的思想深处，导致了中国在现代科学上的落后，而这种落后延伸到文化面目里，让世界觉得我们是一个生活在现代社会里的怪物，与整个世界的现代文明格格不入。补现代文明的课可能是个笨工作，但没有这一节我们就无法摆脱烙印在文化基因深处的不自省。不补这一课，我们就依然会有迷恋特异功能的科学巨匠，一样会有死于气功大师的两弹元勋，一样会有用来念佛经的机器人。当欧洲人用坚船利炮叩开国门的时候，我们还沉浸在天朝上国的迷梦里讨论体用之说。哎，说什么好呢，不觉醒的话，历史会重演。

北大有一处廖凯原楼，还有凯原楼，法学院里还有凯原研究院，功利主义来讲，欢迎继续有廖原楼、廖凯楼和廖楼，这些建筑在一个"世界一流大学"里算是神秘论在人类历史上的一处丰碑。这个魔咒般的宗教有如下特征：一，相信有绝对的真理和绝对的正义；二，绝对的权威代表着绝对真理；三，所有证明都是为了证明绝对权威掌握了绝对真理。

神秘论的常见特点有如下若干。

其一，阴谋论。认为某种事情有集团操纵以达到损人利己的目的。阴谋论以谣传开始，但被指责的一方也常常无法自证清白。逻辑上，正如我们这本书里不断讲到的，作为事后发生的解释，我们总可以对既成的事实做这样那样的诠释。由此可见，"权威掌握了真理"的论述也是一种阴谋论，或说是阳谋论，我们可以依据权威的需求来论证权威的言论是代表真理的，有事实可证实。但科学强调的是无事实可证伪，不光是寻求一两个孤例作为证据，而是寻求相对确定的规律作为工具。

其二，个人的伟大发现。讲故事的时候经常因为故事性的需求而强调无巧不成书，否则线索太多太琐碎就没有了戏剧性。在传播科学的时候，我们也经常犯这样的错误，把科学发现比作窗户纸，只欠一捅，一捅就破。把科学工作比作洞中方七日的九阴真经，可以找到武功秘籍，一个人闷起头来干几年，不鸣则已一鸣惊人。然而科学工作本身就是一个慢功夫的匠人般的细活，而今的发现又只是一个圈子里的人互相激发、互相帮助，依靠一群人对事情的深刻认识和长期积累，单枪匹马建立一个领域的时代早不在了，或者历史上也根本没有过。所有科学发现都要经过长期的积累和思考，否则就算结果放在你面前，你都会视而不见，牛顿所说"在海边捡到贝壳"的能力是很重要的。神秘论者也特别喜欢做旷世的通才，而科学工作者只一点点地做些小工作。胡适做《水经注》的考据，季羡林做《糖史》，不是不可以放弃这些小学问而"吹嘘"经世之学，而现代科学的伟岸工作无一不从小的事情开始。所以"旷世奇才"也是个需要警惕的标签。

其三，阿米巴式的理论，什么都是我的，我肯定比你大；这个理论恨不得包罗万象，但缺乏证明哪怕一象的能力。于是不管什么新的研究出来，都可以把名词归拢到这一体系之内，再找来院士、教授断章取义地背书，看起来就像那么回事了。看结果分左右，辩证法颇具有这样的味道。

其四，类比论证。类比论证是一个典型的神秘论的方式。比如我们常说上善若水，善和水到底怎么一样了，善能喝吗？能被植物吸收吗？能上厕所嘘嘘掉吗？当然文字的诠释不唯一，结合上下文也有别的说法。对应关系没法一一证明，比喻和套用都是非科学的，因为类比论证不是科学的论证方式。按照演化论的方式推演人类社会是不严谨的，是神秘论。科学结论被神秘论滥用，社会达尔文主义就是一个例子。

其五，名教崇拜。胡适在《名教》一文中引用冯友兰的说法，"总括起来，'名'即是文字，即是写的字。'名教'便是崇拜写的文字的宗教；便是信仰写的字有神力，有魔力的宗教"。这种"名教"崇拜延伸到不仅是对文字有信仰，而且用这样的方法来认识世界，解决问题。比如我们在墙上写"某某某是大坏蛋"，打出标语说"打倒某某某"，只要标语贴了，墙上写了，天桥下把"小人"打了，便觉得泄愤了，舒服了。至于某某某真怎样了，谁会去真的关心呢。

其六，引申论述。是个偷换概念的方法，往往做得不知不觉。通常是这样的，先说一大堆已知的道理，或者读者不太了解但高大上的名词，中间夹带着转到自己要说的事情上来，前后不一定有关系，你承认了前面，莫名其妙地接受了后面。比如前面往往是科学的酷炫名词，量子的、广义相对论、暗物质暗能量、磁场电场和引力波等，后面就是阴阳五行天人合一，老祖宗丰功伟业庇荫万代。

其七，万能钥匙。堂堂之师，铮铮之辞，因为有了绝对权威，所以不需要论证，不需要证据。相信权威就可以相信事情有绝对正确的解决方案，这样的解决方案可以解决一切问题。万能钥匙存在的合理性是不需要去论证的。

其八，选择展示有用证据，隐藏对权威理论证明不利的证据。我们知道，科学的结论一定要提醒自己可能有别的原因作为解释，或者有另外一面资料作为佐证，给我们不同的认知线索。神秘主义往往为了建立绝对的权威和绝对的信仰，把存在过的、有损权威的东西掩盖掉、抹杀掉，不留蛛丝马迹，因为"历史都是成功者书写的"。但科学的精神在于把它们留在那里，不论当时是敌是我，不说简单的功过对错，从更多的角度来了解历史，记录历史。从实证的角度来讲，我们也许永远没有足够的证据给历史上的人物盖棺论定，新的证据也许会被发现，从故纸堆和考古材料里浮现出来提供不同的诠释。而从对未来的借鉴意义上看成败，两方面的论点都会帮助后人避免其中的教训再发生。从对自己历史的态度上来说，不管什么颜色的历史，都是我们人类走过的路，没有绝对的对错，也就不会造成绝对的善恶，没有谁比谁更正义。势不两立、你死我活之后也可以相逢一笑，煮酒论英雄。美国南北战争结束之后，李将军（Robert E. Lee）向北军统帅格兰特将军（Ulysses S. Grant）投降。李将军摘下佩剑交给格兰特，格兰特并没有接过来，而恭敬地说"没人配得上将军这份沉甸甸的荣誉"。做博士后的时候我常读杂书，在伯克利的田长霖图书馆翻到一本1910年版的英文小册子China and Chinese（《中国和中国人》），作者是英国汉学家赫伯特·吉尔斯（Herbert A. Giles）。他出生于牛津的一个神学教授家，

1867 年到 1892 年之间他在中国游历，做过传教士，给清政府官员做过翻译，也在英驻华使馆做过领事。回到英国以后，他在剑桥任汉学教授直至 1935 年离世。从学养来说，我相信他会尽他的可能来讲一个他看到的和理解的故事。从偏好来说，他生活的时代还没有这样那样的主义来要挟他什么不能说、什么能说。这本作为介绍中文和中国文化的小册子，在一个几乎被世人遗忘的角落，以特殊的视角记录了满清末的中国社会。我看到时，是着实地吃了一惊。下面摘录一段我翻译的文字。

　　在中国，县的辖区里官员就直接面对普通民众了。县大概相当于英国的郡，但在这么大的面积上，当官的都不会跟普通老百姓有太多面对面接触的机会。村民推举村长，村长要负责维护地方治安。村长的位置具有半官方性质，由县里赐发木制的印章给他背书。他的这份工作或多或少有些收入，比如向县官申诉，土地的转让和其他法律文书，都要有他的木头印来公证，由村长来做保人，这时，保人也可以收取一点费用。这些地方官员是中国的统治者，跟普通民众直接接触，被称为父母官，他们直接管理着普通的民众。而普通老百姓，在官方的文件里，会被称为子民。

　　地方官员多是科举考试中的佼佼者。作为进入上流社会阶梯的科举是向普通人开放的，谁都有可能在这些文学考试里赢得做官的机会。考试资格唯一的限制是考生要身家清白，祖上三代里没有唱戏、理发、搓澡的、和尚、刽子手或官宦人家的家奴。稍有天分的男孩很早就被发现而悉心培养。这不仅是因为中国有大量的免费学校，而且很多有钱人愿意帮助这些年轻的学子。许多政府的高级官员就是从田间成长起来的，他的教育费用和作为考生的旅费都会由地方上的乡绅自愿负担。一旦考试成功，他可以很容易地找到一个乐意出钱的有钱人为他置办行李、资助路费送他上任，而这些捐助者也很少在乎他将来是不是会还钱。

一个成功的考生，通常也不是直接从考场出来就被委派到重要地区做官。他经常先被分配到在任的县官处实习。他的能力在实习过程中得到培养，直到上级可以相信他能够被委以重任，独当一面。县官管辖的事务十分繁杂，一个人不可能应付所有的事情，但是他却要负完全的责任。他要做法官审理刑事案件，又要征税，注册地方上土地房屋买卖；做乡试的考官，接待来访官员，天旱了要求雨，天涝了求不下雨。他通常要起得比鸡早，而深夜里还要听犯人上诉，打犯人板子。他管理的地区往往很大，同一天有可能发生几件案子，要是他的时间安排有冲突，他就要不断地将工作分派给他的下属。因此，见习官员也有很多机会参与日常事务获得锻炼。

我们谈到了村长，他们名义上的工资通常是不够开销的，因为他要养一大群人。毫无疑问，他要维持自己的"生意"并在诉讼中获得各种当事人和其他一些商业交易中得到一些报酬。县官的收入，也只能允许他过俭朴的生活，他也要节省一些来养家。这些都从他县里的财政收入中来，除去上交给国家财政的，适当地留存是默许的，县官也要生活嘛。只要上级满意他的工作，便很少过问他实际征收的税金总额。上级也清楚县官的大概收入，每年会有几百两银子。县官上面的州府以同样的方式满足他的上司。他有权监督本州的所有民间企业，处理县里上诉的官司，处理不了再往上提交。再往上是道台，管辖几个州，用同样的方式满足他上级的要求，一直到总督满足在北京的朝廷。整个帝国的税收就是这样，从上到下的官员，在一级一级上交中留扣自己所需。因此，问题本身归结到这一点，老百姓需要掏多少钱来养活这个金字塔。照我看来，中国的老百姓只支付他们愿意支付的那部分，与官员的征税形成微妙的平衡。一旦赋税过重引起老百姓不满，他们可以通过各种方式表达，而官员所受的从上面来的压力也会很大……换句话说，虽然有皇上的专制统治和父母官的地方政府，中国的老百姓事实上可以自己决定征多少税。每一个到中国的外国人，只要把他的眼睛睁得大大的，很快便可发现这种自由被天子统治下的哪怕最卑微的人享受着。许多很轻的罪在英国往往处理得非常严厉，但在中国几乎被忽视。没有农民或者店主傻到把一个因饥饿而偷吃的人告官，原因很简单，没有任何县官愿意审理。这是农民或店主自己的责任来避免盗窃的发生。其他类似的情况也有，但我们必须回到征税上来，这是真正核心的问题。

总体来讲，中国人征税比较轻。主要是以货币和实物形式缴纳的土地税、盐税和印花税。所有这些都一级一级收上来，最后由每个省上交给朝廷，每省数额一般变化不大。除了这些，政府一般不再设名目，官员不会以市政建设、公共卫生或教育为由再向老百姓征收额外的税赋。中国人的做法相当的保守，但相比欧洲各国政府在税收上由来已久的徒劳无功，中国的老百姓似乎更加习惯并且乐于给皇帝缴税。税收政策的变动，即使有类似军费的特殊原因，仍然需要老百姓广泛的支持，得到大多数人认可才能付诸实行。关于这一点，作为在中国住了很多年的外国人，我做了长时间的记录，有很多事例使我得出这个不容置疑的结论。

税收政策被民间审核的方式通常是这样的。比如省里的官员出于经济原因决定增加政府收入，他会要求下属通过征税来筹钱，纳入省级国库。新税或改变旧税的文告在正式颁布前，官员要邀请可能涉及利益的商户、村长或者地方上德高望重的人，在私人场合里先讨论。找一个非正式的场所喝茶或抽烟，官员会说明他有难处、新税收是必要的、他的上司给他很大的压力等等。商人、村长或村中的长者经常为了本地百姓的利益尽量抵制新的税收。谈判结束后，百分之九十九的情况下，双方会最终妥协。即使在百分之一的情况下，老百姓或者官员都不肯做出让步，事情就往往会被搁置，最终不了了之。尽管很少，有时也会有双方都不肯放弃而成了僵局的时候。如果官员一意孤行发布新税，老百姓认为利益受到影响时就会抵抗。这时行会就会扮演重要角色。在中国，行会发展到极其完善的地步。世界上还没有哪个地方可以找到类似的这种力量来抵抗政府的强制力。每个买卖，每个行业，即使是最卑微的营生，都有他们的行会。组成行会的个体看似渺小，但行会的成员任何时候都愿意一致保护彼此，随时准备为行会利益做出巨大的自我牺牲。行会也是老百姓的保护伞，老百姓依靠行会成功地抵制官府给他们的任何不合理摊派。中国的老百姓一般非常守法，对权威很尊重，但他们也不愿无原则地付出。我现在将从抽象到具体，用我记录的一些事情来证明我说的话，即中国人在税务上是自治的。

一八八零年十一月十日《华北通讯》报道了这样一件事

情：重庆巴县的知县发布公告说，他要提高屠户的税收：城里的屠户每杀一头猪要缴两百文税，但允许屠夫每斤猪肉涨两文来补偿损失。当地屠夫早就拒缴前任知县规定的每杀一头猪缴一百文的税，看起来不太可能缴这两百文的新税。果然屠户决定罢市，拒绝杀猪，要求废除通告。当日上午屠户们上街，只要看到有商铺还在卖猪肉就统统收缴。整个屠行，超过五百人，由他们的行会出面宣布歇业。知县试图带两百手下冲入行会，但屠夫拒绝开门。知县最终不得不撤退，扬言要动军队来惩罚屠户们。人们则认为知县如果动用军队就错了，他应该自己出面来解决这个问题。三天后，十月十三日，整个城市群情激动，有人说知县调动官兵了，城里有枪声。所有其他的店铺也都关门了，人们担心当局可能会严肃查处闹市的屠夫，而坏人会趁火打劫。两天后，十月十五日，屠夫仍然在行会坚持，拒绝营业。直到最后，知县服软，一家一家道歉，求屠户开门恢复买卖，承诺不管现在还是以后，都不会强收杀猪税。十月十六日，巴县知县发布文告，为他试图增加的令人厌恶的杀猪税而道歉。最终的结果是，屠户得到全面胜利，地方官没有从老百姓手里榨出来一文钱。

· · ·

生活在中国的人都知道学生聚集的乡试期间容易发生麻

烦，下面是一个例子。一八八零年六月，广州的一个赶考学生拿半块钱买了一件外套，回家发现不怎样，就拿回店里换。店主很不情愿，这个学生找了个朋友来讲理。双方争执不下，一个学生抄起台子上的算盘把店里的伙计打得头破血流。店主周围的邻居朋友闻讯跑来帮忙。消息也在附近的学生中传开，学生们立刻纠集了大把人救援。店主请县令到场断是非。县令来的时候，带头的学生已经被店主和赶来的村民绑起来。晚上，县令判处学生挨板子。数百名学生汇集到衙门，要求立即释放该学生。县令感到不安，最终妥协，把肇事学生用轿子送回家，判店里的老板和伙计"掌嘴"。第二天早晨，城市和郊区所有商铺都关了门。买卖人说，这么搞下去，生意没法做了。而在学堂里，学生也举行会议，县令又跑去安抚他们。混乱中学生扯烂了县令的衣服，用石头砸烂他的轿子，用扇子和雨伞打他，并用脏东西丢他。随从们最终把县令救出来。当晚府台大人在广州商会会见店主和学生，说他自己也不满意县令的解决方式。两方面最终得以和解，学生们放爆竹庆祝，商店重新开业。

一个中国人受了害或被冤枉了，一个中国官员可能立即诉诸行动为他伸张正义。我在中国亲眼见过两次哭诉。被冤枉的人身穿灰色麻布外衣，有许多朋友陪伴随着一起，堵住衙门口抗议，不分昼夜，直到当官的愿意出来调停，或者答应重新审理案件。民众总站在受委屈的人这边，如果当官的犯了很大的错误，或者故意拖延不办案，会使得民怨沸腾，甚至发生暴动。可能有人要问，这种情况下如何执行法律。这种力量似乎足以使任何官方的权威瘫痪，任何邪恶的人都可以纠结一大堆朋友来抵抗政府。事实上，在中国，比如在大城市里，作恶多端的人通常没有什么朋友，他们从高利贷那里借钱赌博，沉迷于抽鸦片烟、喝酒。没有人愿意伸出一个手指来帮助这些人破坏法律。

在中国，人们也为自己的利益来维护司法的公正。商业的争执，无论大小，很少需要去衙门解决，除了传统的规矩之外，商业并没有所谓的民事法则。他们属于某一个行业协会，而行会常常作为中间人来仲裁各方的要求。许多其他案件同样庭外和解，犯错的人由部族长老或家长来惩罚，惩罚之后就不再被人提起。"说和"不光是调停纠纷，它根本就是一种美德。在普通中国人眼中，动不动打官司是一件让人厌恶和蔑视的事情。家族里被处罚的人也可以在宗庙里通过神灵来挑战对他的指控。在午夜时分，被告跪在供桌前隆重地烧一张纸，纸上写着他是冤枉的，当着在场的族人发誓，如果隐瞒了丝毫的真相，求神给他最严厉的处罚。这样族人往往就可以原谅这个人。谋杀案却不一样，因为中国人根深蒂固的信念是，生命的价值远远超过任何金钱的价值，法律需要不惜牺牲任何代价来维护。

一八八二年我在福州港做副领事，住在宝塔镇。这个镇的炮台在一八八四年被英国海军炮轰。我的房子和花园能看到半英里外的炮台。一天早餐后，仆人告诉我炮台出事了。一个炮台上管事的头目，今天早上踢了他厨子的肚子。这个17岁的小厨子身体弱，这一踢就要了命，已经死了一个多小时了。小孩的寡妇妈守在儿子尸体旁，坐在头目屋里的地上。一大群人围观，都不说话，静静地等待当官的审判。到下午五点，一名副将从十二英里外的福州赶来，代表府台审理案件，判决头目过失杀人。人们显然不满这样的判决，副将的轿子立刻被围观的人群砸了，他的官帽和袍子也被撕成碎片。他被打了一顿，受了伤，从人墙里被扔出来。人墙又合拢起来，不时传出低沉的吼声，我甚至能在我的花园里清晰地听到。没有暴力，没有试图继续虐待那个杀人的头目，人群只是等待正义。人群在那里守了一个晚上，包围着杀人者和受害者的母亲。我的仆人不断地跑过来告诉我进展，一晚上所有人都没有睡觉。与此同时，事情已经报告给了总督。第二天九点半，蒸汽船顺着弯曲的河道开来，载着府台大人。他接受了总督的指示来重新调查情况。十点钟，他下船，群众迎接他的是尊重和沉默。到十一点钟凶手人头落地，人群随即散去。

清末的中国自然形成的社会治理方式，放在当时欧洲刚刚兴起的资本主义商业的背景下，对于这个英国人来说，也是很新鲜和先进的。第一，平民有明确的上升到贵族的渠道，社会里相对富裕的人群积极帮助他们在这个渠道里顺利实现目标，这个与欧洲因长期缺乏平民的社会权力晋升而导致多次革命形成强烈对比。第二，地方治理更多依赖乡绅阶层。乡民选举出有文化的乡绅作为地方民意代表，向上与皇权政府谈判，向下代表政府管理地方。民间商业和手工业的行会制度，对工商业的发展有很积极的意义；即使今天，也在江浙粤民间商业中起到很大作用。皇帝的直接权力只到县一级，往下是中央与地方共治。第三，作为个人，对行为的约束更多来自社会舆论，来自对家庭和家族的责任。除此以外，政府不限制人身自由和行为自由，其中提到安全感在现代社会是个极其重要的概念。第四，由于代表中央的县一级官员的总数极少，所以普通老百姓的税收其实很低，地方官员和代表地方利益的乡绅形成各方面博弈的制衡，税收和法制成为这一自然形成的制衡制度的集中体现。

对于这段史料的重现和解读，是为一个基本的科学研究方式举例，不刻意地先抛弃任何一方面的证据。对于一项科学研究，我们更像在漫无目的推理，没有人知道这些证据推理会引导我们得到怎样的结论。而神秘论的方法与此不同。神秘论经常是这样，先确立一个基本结论，给出一个基本态度，然后根据这个基本结论和态度来筛选材料，对结论有积极证明作用的留下来，修改和删除对结论不利的证据。比照欧洲近代史，平民成为贵族从来就没有一个明确的通道，所以才引起资产阶级拥有财富之后要进行政治革命。在英国是限制王权，在法国是大革命。在中国通过科举解决了这个问题。在皇权的治理下，民众并不是一味地做顺民，由统治者"放牧"，民众可以通过集会、游行和抗议，使统治者听到自己的意见。而统治者也必须通过地方乡绅来沟通和治理国家，达到皇权和民权平衡共治的结果。而民权这一端，由地方乡绅推选乡绅代表担任，很难说这样的推选会不会逐渐普及而成为广泛的选举。而让我惊讶的是，我学过的近代史是这样的：清朝是一个积贫积弱、腐败不堪的半封建半殖民地国家，但这样的结论又缺乏像吉尔斯这样细微的一个又一个案例。但是，每一个人都会将他们的生活选择正义化（justify his way of living），当成功者需要一个理由时，失败者是没有资格抗辩的。在先验的正确的前提下，神秘论者可以去精心打造一个需要的历史，找到需要的证据，得到需要的答案。

其九，颠覆式创新：可能中国人正遇一个整个世界都没有巨匠的年代，工业文明之后，发现能发现的都被发现了。

"孔融让梨"有两个版本。除了人尽皆知的"融三岁，能让梨"的《三字经》故事，还有一个版本。有一天，孔融跟小伙伴到乡下玩，路边有棵大梨树，上面结满了梨。小伙伴们争先恐后地爬上树摘梨，只有孔融站着不动。有小朋友问，你为啥不爬啊。孔融说，这梨树在路边，长得这么好，如果好吃早就让路过的人吃光了，怎么会轮到我们摘。果然，小伙伴们摘下来的梨又苦又涩。所谓的"树枝低垂"，好摘的果子都被摘光了，科学容易发现的东西都被发现了。我虽然颇不认同，但没有沿袭和传承的"颠覆式"创新是值得怀疑其正确性的，或根本不值得怀疑而浪费做正经事的时间。中国即使赶上现代科学发展，都已经直接进入一个万众才能发现的年代，这个年代很少再有巨匠，每个人都在历史的洪流里做着一些自己觉得有意思的小事情，个人影响不再划时代。二十几年前的流行歌手，动辄百万张唱片的销量，现在的歌手们，能卖几万张唱片就已经是成功了。科学已经过了单枪匹马挑战整个体系的年代，它是一个工业化的过程，是集体工作的积累。在爱迪生（Thomas Alva Edison）之前，至少 23 个人发明了某种形式的白炽灯。伊莱沙·格雷（Elisha Gray）和亚历山大·贝尔（Alexander G. Bell）在同一天申请了电话专利。谷歌 1996 年问世前，已经有几十个搜索引擎存在。当一个人在莽原上奔跑，眼前满布黄金而没有被其他任何人发现，心中涌起"可以在雪地里撒点野"的快乐，那一定是海市蜃楼。现代科学极小心地提防这样的事情出现。我们小心翼翼地审视自己，这不是对自己的不自信，而是对人类智慧的尊重，对已有世界的敬畏，我们不敢说颠覆。这是保守主义，保守主义没什么不好，它不是阻止年轻人去尝试新的东西，而是要求所有的想法都要大胆假设、小心求证。不相信权威，也不相信造神，更不轻易地相信惊世骇俗的大发现。所以在聊科技创新时，我最怕听到"世界第一"。

其十，科学主义。同我们在自然科学中有望取得的精确预测相比，依靠我们目前的工具对复杂系统进行定量分析而做出确定的判断，很多时候也成了神秘论的一种表现，尤其是当我们不够谨慎地在复杂系统中推广经典科学的结论时。我们试图用现有的科学体系来解释一切现象，这往往把事情推向另外一个极端，而让神秘论者有了把柄，"看，科学也解释不了吧"。科学做的事情，首先是一个谦卑的事情，有一分证据，讲一分话。过大地拓展它的界限和能力是不恰当的，本来可以站得住脚的观点往往因为不恰当的举证而让人产生怀疑，以辞害意。有人会觉得要想让某个主张作为科学主张被接受，就必须夸大一些，甚至掩藏不利的或者尚不明白的证据，但实际上这种做法同江湖骗子相比有过之而无不及。以为我们有了理性工具就具备了科学的知识和能力，可以在建立各种社会过程方面心想事成，这很可能使我们深受其害。当然在自然科学领域，对于明知不可为而为之的做法，很多人也不反对。人们甚至认为，不应当给这份科学的自信泼太多冷水，毕竟他们的实验可以带来某些见解，至少知道了某些尝试是走不通的。在复杂系统里，比如社会科学领域，以为运用某些科学就可得到有益的成果，却很可能强迫人服从某个权威机构，即便这种权威本身不坏，但正是这种代表"科学真理"的力量被少数人利用，而帮助他们去追求利己的目标。

人们必须意识到实证检验与非科学的界限。历史上，人们一旦选择相信无法被实验证明的理论，就很难再纠正过来。为了抵御神秘论的侵害，必须维护实证检验的基本要求。这并不意味着人们应该停止所有有关未知领域的思考，大胆的猜想还是有用的。但这些人应该意识到，如果该理论仍无法与现实世界的科学证据和分析建立联系，他们的研究将不会被科学所承认。当然，这一样是后来者的困局，你没法重新定义科学，只能按照它已有的习惯和规矩，慢慢来，日拱一卒，事实上，这也是最安全的办法。因为至少这条路径是人类经过几百年验证出来的最容易接近事实真相的一条路。我们如果因为一套理论只是看起来很美好，就对其放松"科学"的要求，那将带来可怕的后果。

作为神秘论的对立面，科学本身不再承认有绝对真理。

这样，科学造了自己的反，因为科学不是绝对的正确。站在科学的一方，也不代表正义。科学的自我否定并不是一个值得恐慌的事情。一百年前，北大引进了德先生和赛先生，如今德先生很多时候不提了，因为人们认识到也许别的方法凑合能过。民主只是一种生活方式，不一定是唯一的答案。同样，科学也只是一种认识世界的方法，它不一定是唯一的方法。站在科学论的角度，我不去否认任何神秘论存在的合理性，也不去评判它的对错。我只是说它害了中国，已经害了几千年，依然害了近一百年，如果不觉醒，就还要再贻害百年。

对于神秘论，中国近代的历程是尤其让人遗憾的。批判了胡适，也批判了杜威的体验主义。儒家文化里对尊卑长幼的崇拜，东西方文化印证下来，古今传承延续下去，对名教、绝对真理、绝对权威的迷信也就顺理成章了。为什么这样，神秘的不可说不可究。但神秘论有一个好处，就是它真的可以安慰到你，比如在天桥下面"打小人"。而科学是一条折磨人的路，你不断地搜罗证据来否定自己，否定前人，否定权威，这里面就不乏欺师灭祖。"我爱恺撒，但我更爱罗马"的纠结日日陪伴你、折磨你，让你寝食难安，天人交战。做科学的人其实骨子里热爱这种被否定，因为每一次发现了以前知识的漏洞，就意味着一大帮人又有了饭吃。

科学的正确只是在限定的范畴里，特定的假设前提下。假设变化了，结论也会不一样；检验正确的唯一方法是实验，不能通过实验检验的东西可以做谈资，但不用挂科学的牌子；科学的进展也是日拱一卒，需要大量积累，缓慢前进。这个东西我以为一百多年来在中国早就深入人心了，但我发现根本没有。没有把这些思想深入每一个中国人的行为习惯和思考习惯里，那我们这一百年的罪就白受了，鬼子们在地下要笑醒了。

别以为我们真的懂了，两弹一星元勋邓稼先得癌症了，我们有伟大科学家就介绍气功大师给他治病，邓稼先就这么耽误了治疗。我们著名的院士在纪念量子力学诞生一百周年大会上的主题报告《量子力学是"三个代表"的伟大体现》，我当时作为本科生就在现场。现代版封神演义《三体》被年轻人追捧，高谈阔论降维打击和递弱代偿。我真不认为人们的脑子跟清朝末年有什么区别，唯一变化的是名词变成了二十一世纪的所谓流行而神秘的"科学"词汇。中国人这一百多年的罪是白遭了。

哦，当然，还有北大的凯原楼。

十一　不必科学的中医

说到中医，我母亲是中医，我的叔父是西医，我最好的兄弟是牙医。据说牙医不能算医学，因为最早的牙医是在街头替人镶牙，跟剃头师傅是同行。但中西医其实分家也不算太远，西医曾经讲放血疗法，传说华盛顿就是笃信放血疗法，得风寒放血而死的。这仅仅过去两百年。事实上，一百年前的西方医学和中医骨子里是类似的，仍然属于经验医学，医生们更愿意相信自己多年临床积累的经验，而不是客观的科学实验。

医疗依靠经验时，东西方医学都依赖一个有趣的事情，"安慰剂效应"。安慰剂效应是现代医学一个重要的发现：实际没有效用的疗法，只要让病人建立信心，也可能让病人觉得病情有好转，这个比例甚至可达30%。找100个病人，给他们服用淀粉片，告诉他们这是最新的药物，对他们的病有很好的效果。设定的疗程结束以后，大概会有三分之一的病人跟你说，这药真的有效，他们觉得病好些了。这就是"安慰剂效应"。病人对于药物的期待，让他高估了自己的身体情况。当然，也会因为人体是一个复杂系统，我将来会不断地提到"复杂系统"这个词。的确，有一些我们尚未清楚的关联会影响到身体的感受，甚至是实际身体的指标。我是相信冥想确实有这样的功能，比如实际控制身体的耐寒能力，甚至是体温。

现代医学反对用安慰剂效应进行治疗。原因在于，安慰剂效应是建立在欺骗之上的，这会阻碍医生和患者建立信赖关系；其次，很多情况下安慰剂效应只是使病人感觉良好，病情实际上并没有好转，反而延误了病人的医治。现代医学建立了所谓"随机分组双盲对照试验"的科学方法。

随机：实验中把被测人员至少分为两组，一组吃药，一组不吃药，或者吃作为安慰剂的"假药"。把病人以随机方式分组，消除组间的分别。

双盲：病人不知道自己被分到哪个组，此为单盲。进行分析的实验人员也不知道病人是哪个组的，此为双盲。双盲可以很好地避免主观因素导致的偏颇，包括医生和知情者在用药期间对病人的心理暗示。

现代意义上的"随机分组双盲对照试验"起源于英国的统计学家奥斯汀·希尔（Austin B. Hill）。人类虽然早在 1885 年就分离出结核杆菌，但很长一段时间内医生拿它毫无办法，病人只有寄希望于自己的免疫系统足够坚强。抗生素被发现后，科学家很快就发现了链霉素对肺结核有效。可是使用链霉素的肺结核病人病情经常会反复，本来好了的病人，过一阵子病情会突然恶化。作为生物统计学家，希尔从 1945 年开始担任伦敦卫生学校首席教授。次年他受邀加入了肺结核委员会，主要任务就是检验链霉素到底能不能治疗肺结核。希尔找来 108 名患者做实验，其中 54 人服药，54 人做对照。谁服真药、谁服假药对照完全是随机选取的，就连主治医生也不知道，做到双盲。这个方法是希尔所做的最大的贡献，他坚信医生的主观印象会影响试验的准确性，必须随机取样，并用统计学的方法对结果进行分析。半年后，服药的病人中有 28 人病情明显好转，对照组中有 14 人死亡，这表明链霉素确实有效。如果事情到此结束的话，希尔的贡献就不会那么重要了。三年后，服药组有 32 人死亡，对照组则死了 35 人，两者几乎不存在统计意义上的差别。这一惊人的结果让医生们得出结论：链霉素确实有效，但是一段时间后病菌会产生抗药性。问题找到了，很快就有了解决办法。在使用链霉素的同时，再让病人服用另一种药物"对氨基水杨酸"（Pamisyl）。医生希望两种药结合使用能对付细菌的抗药性。理由很简单：假如每种药物的抗药性产生概率都是百分之一，那么同时产生两种抗药性的概率就是万分之一。试验结果验证了这一理论。链霉素组合水杨酸的方法使结核病人的存活率上升到了80%。医生们又按照希尔的方法进一步试验，证明三种药物合用的疗效比两种药物还要好。

希尔采用的这一方法就叫作"随机分组双盲对照试验"，这种方法很快就成为医学研究领域的标准试验方法，目前所有已知的西药必须经过这种方法的检验才能上市。从此，西医从经验医学时期正式进入了实证医学的时代。

"个案"经常被中医作为宣传的案例，然而个案的有效性在现代医学上不能作为疗效的证据，它需要随机对照试验来排除安慰剂、人自身免疫功能差异，以及其他因素的影响来确立药物与疗效的因果关系。GRE逻辑试题是非常有用的训练，甚至可以作为掌握现代科学方法的入门教程，其中一个常用到的解题手段是"有其它原因作为解释"。现代医学在确定一个疗法有效的时候，总是努力去排除所有其它可能影响到结论的因素。这是科学的方法。

我之所以花了这么长的篇幅说中医的问题，因为它是科学和神秘论集中交火的一个阵地。我们在研究中并不能排除所有的相关因素，毕竟人体是一个以目前的科学技术暂时无法穷尽所有可能的复杂体系。但"随机分组双盲对照"是所有方法中最容易让我们接近有可能有用且可靠的方法的有效途径。这正是我们说的科学本身，它是一套我们可以不断趋近事实真相的方法，有可能还是错的，但它是我们目前所掌握的方法中最靠谱的。

不是说中医的经验不重要。毕竟在得出验方的路上死了那么多人，经验也积累了上千年。但正如我上一节所说，与民主是一种生活方式的逻辑类似，科学只是我们认识世界的一种途径。社会制度上，不一定打着民主的牌子就高级，在解决问题的有效性上来讲，也不一定打着科学的牌子就代表一定正确。没有用科学的方法来研究，对医学而言目前就是"随机分组双盲对照"，就没必要拉科学来站队。中医自然有存在的合理，不管你怎样去认识它、定义它，既然还没有用科学的方法来筛选浩如烟海的验方，暂且也不用把"科学"贴在自己身上来使自己高级化。中医自己就够高级了。话说回来，正是由于这几十年在中医药里应用了"随机分组双盲对照"，我们从传统中医里捡出了很多宝贝，比如青蒿素。这反而例证了我说过的一个观点，只有掌握了现代科学方法之后，才知道怎样更好地保护自己文化里精髓的、有益的东西。

第二部分　　量子

量子力学所展示的世界和给我们的启示，与过去三百年建立起来的牛顿力学体系是不一样的。它否认了经典科学所遵从的客观实在和因果关系的基本假设，它使用的研究工具跟我们传统上认识世界所使用的是不一样的。在一定程度上我们应该回过头来审视，我们现在的哪些理论可能是有问题的。我们一直以为世界是可以被我们规划和设计的，在新观点下，我们是否需要重新考察科学认知的出发点是不是还靠谱。当然，过去几十年量子力学已经有了发展，之后几十年可能这些说法又会有变化，用这个逻辑去诠释其他事情，也许现在看起来对的几十年之后又有新的观念和表达。物理学家们自己也说，至今没有人真正懂得量子力学。正如我们前面讨论到的，量子力学不仅仅是因为它与常识相悖，还有更深层的原因：它描述观测行为本身；它表明自然界的基本规律是概率性的；它允许粒子同时处在两个或者更多的运动状态；它认为两个相距很远的粒子会彼此纠缠。它，也许描述了我们人类认识世界的边界。

一 量子力学的逻辑建立

物理学经常为了一小片的和谐，导致大面积看起来不和谐。而我们最终不得不接受这大面积的看起来不和谐并习惯之。这成了一个自然的诉求，因为我们没法界定什么时候该用一套理论，什么时候该放弃。事实上，我们一直希望一套理论可以贯穿各个相关的领域，不必为制定理论适用的范围而给出更多的假设。注意，我们会常用到"假设"这个词，其实"前提条件"会更容易让读者接受，"假设"并不是假的，它通常是大量现实经验的总结归纳而成为某一套学说建立的起点。显然，对于边界的限定涉及更多的假设和实验验证，我们又不得不希望遵从极简化的原则建立一个自洽的理论体系。

接下来，关于量子力学，我们尽量少谈历史，因为大多数量子力学的教材都会按历史的顺序来讲，而我又不是历史老师，"白发宫女话天宝"不是这本书的目的。我会尽量从这些证据之间的逻辑关系，说明得出结论是因为逻辑上我们没有别的选择，或者尚不能找到更好的替代品。而当读者更多地了解量子力学之后，会发现按照历史故事来传授量子力学，是怎样一个避开本质困难而颇有投机味道的方式。

1900 年开尔文勋爵在跨世纪的皇家学会的演讲上宣布，物理世界能做的几乎都做完了，万里晴空之上只有两朵小乌云让人们觉得有点不安。这两朵乌云指的是两个让物理学家觉得困惑的问题，一个是人们测不出来光相对于以太运动的速度变化；另外一个是紫外灾难，似乎光的能量在它颜色趋向紫外时会变得无穷大，而无穷大是一个物理上极其不喜欢的概念。为了以太里光速的和谐，我们引入了狭义相对论，而为了黑体辐射的紫外灾难的和谐，人们发现了量子力学。

19 世纪后期由于照明设备和冶金铸造的需要，人们希望找到发光体的温度和它发出的光的颜色的关系，这样就可以通过发热物体的颜色来判断它的温度。比如在制造电灯的过程中，人们注意到灯丝的温度可以改变发光的颜色，红色灯丝温度低，而黄色灯丝温度高。为了排除"有别的原因作为解释"（我们时时提防这种情况的出现而会让我们的结论站不住脚），比如物体本身的颜色会干扰发光和温度的对应关系，人们选择了一种特殊的物理模型，叫作黑体。

对黑体而言，它是理想的吸热体，也是理想的发光体，低温时容易吸收光，高温的时候容易放出光。科学家们发现，低温的黑体发射红光，温度越高黑体发出光的颜色越偏蓝紫。实验物理学家测量了黑体温度和光波波长对应的关系。我们看到，对于每一个温度，曲线都是一个单峰，从零波长时的强度为零，上升到一个最大值，然后强度又随着波长的增大而减弱，直至为零，而随着温度的增加，峰的最大值向紫外移动。

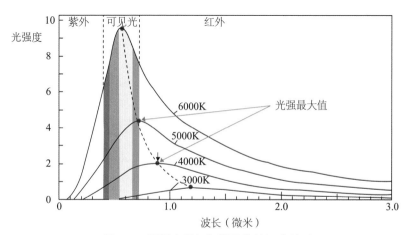

图2-1　辐射光强与辐射黑体的温度关系

1898年鲁本斯（Heinrich Rubens）通过研究空腔辐射得出了黑体辐射光谱的实验数据。继而瑞利（John W. Strutt，Third Baron Rayleign）根据经典统计力学推出了一个公式：瑞利—金斯（James

H. Jeans）公式，同时威廉·维恩（Wilhelm Wien）提出另外一个公式。维恩公式在短波范围内相当符合实验数据，但在长波范围内偏差较大；而瑞利—金斯公式却正好相反，它在长波段跟实物数据符合得很好，但当辐射出紫外光的时候，这个公式会算出来发射体的能量趋向无穷大，这在物理上是不允许的，会导致"紫外灾难"。1900 年普朗克把两个公式拟合起来，建立了新的黑体辐射定律的公式。普朗克得到的公式在全波段范围内都和实验结果符合的相当好。在推导过程中，普朗克考虑将电磁场的能量按照物质中带电振子的不同振动模式来分布。但得到普朗克公式的假设是这些振子的能量只能取某些基本能量单位的整数倍，即"量子化"的。

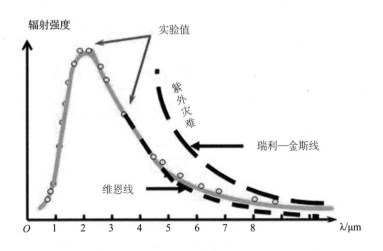

图 2–2　黑体辐射的紫外灾难

如果读者不熟悉这个词，姑且用"颗粒化"来代替它，只有认为能量是一粒一粒的能量包，普朗克的公式才说得通。而这些基本能量包的大小只与电磁波的频率成正比，电磁波的能量必须是一份一份颗粒化的。但人们习惯于经典的能量表达，比如动能 $E=\frac{1}{2}mv^2$，质量 m 是连续变化、无限可分的，速度 v 也是连续的，它们的表达式能量 E 却是不连续的，这怎么可能?！这事实上让普朗克本人非常不喜欢。

普朗克的能量量子化假说的提出比爱因斯坦为解释光电效应而提出的光子概念要早五年。然而普朗克并没有像爱因斯坦那样假设电磁波本身就是量子化的波束，他认为这种量子化只不过是对于处在封闭区域所形成的腔内微小振子而言的。用半经典的语言来说就是有束缚的边界。这就电磁波在黑体内部振荡，黑体就为电磁波的振荡提供了边界，像在两个固定点之间振荡的绳子一样，两点间的距离是绳子振动半波长的整数倍，就必然导出量子化。普朗克没能为这一量子化假设给出更多的物理解释，他相信这仅仅是一种数学上的处理手段，恰巧能够使理论和实验数据在光的全波段范围内吻合，能量本身应该还是连续的。

可是另外一方面，人们很快发现别的一些证据。19 世纪人们已经懂得用静电计演示电荷的存在。当把电极跟一块金属板连接在一起，并用强光照射金属板时，会发现静电计上的电荷数量会改变。

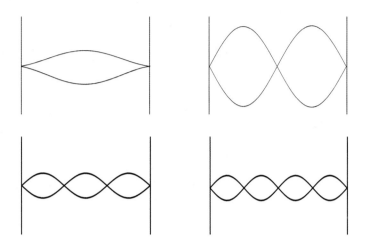

图 2-3　腔内的电磁波量子化，腔的长度应是电磁波长的半整数倍

乍一看这可以用光的波动性质来解释。波的能量带来的电子的扰动，电子像水波上的小球，扰动很强的话就把电子从金属里踢了出来形成自由电荷。但是，人们发现，对于波长长的光，比如红色，即使光强很强，照射的时间很久，电荷也不会跑出来，反而对于波长短偏紫的光，即使光比较弱，电荷也会跑出来，改变静电计上的读数。电荷能不能出来，跟光的强度并没有直接关系，只跟光的颜色有关。如果考虑光是能量波，光强越大对应于能量越高，这就解释不了为什么起作用的是颜色而不是光强。毕竟，对光而言，颜色只代表了波长或者说频率的信息。

爱因斯坦发展了普朗克关于能量微粒的想法。他在 1905 年的工作里干脆大胆假设能量本身就是量子化的，即一粒一粒的能量小颗粒，而光就是由这样的能量小颗粒组成。一粒一粒的光打在金属表面敲击电子，使金属里的电子跑出来，从而产生电流。紫色对应于能量比较高的光粒子，红色对应于能量比较低的光粒子。光粒子打金属里的电子，就像用球打保龄球瓶子。如果用一个一个乒乓球去打，由于乒乓球能量小很多，保龄球瓶并不会动。无论多少乒乓球依次打过来，球瓶都不会动，但当能量很高的保龄球过来，瓶子就被碰飞了。用类似的想法，爱因斯坦解释了光电效应。但相反，如果假

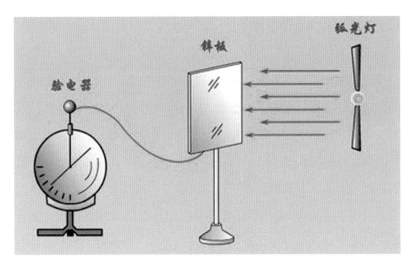

图 2-4　光电效应实验

设光的能量不是分立的而是连续的，能量积累的时间长了，总能够让电子变成能量很大的自由电子而改变金属板上的电荷数，光电效应的实验结果就解释不通了。爱因斯坦因此获得了 1921 年的诺贝尔奖，但他的相对论，直到二十年代初还有学术上的争议，并且缺乏足够确定的实验验证，没有在他的诺贝尔物理学奖声明中被提到。

光是量子的颗粒这个想法很快被路易·德布罗意（Louis V. de Broglie）借鉴，他干脆往前继续推进了一步。不仅光是量子化的，他假设所有的物质都是量子化的，都可以被看成波和粒子。被看成波，它波动的波长就是 h/p，普朗克常数 h 除以粒子的动量 p；如果被看成粒子，它的能量就是 hv，普朗克常数 h 乘以物质波的频率 v。如果只看德布罗意的这篇论文，你可以认为它有点神秘论的味道，因为没有实验的证据，只是大胆假设。但德布罗意绝对不是一个无出身、无家学、凭空而来、没有受过正规训练的科学家，有时候我们说物理学是贵族的玩意儿，就以德布罗意为例，正经的贵族，法国公爵和德国亲王。谨慎起见，德布罗意在他的博士论文里刻意回避明确的物质波的概念，他只说到可以用位相波的概念来理解，认为可以假想有一种特殊的波。可是究竟是一种什么波呢？在博士论文结尾处，他特别声明："我特意将位相波和周期现象说得比较含糊，就像光量子的定义一样，目前可以说只一种解释，因此最好将这一理论看成物理内容尚未说清楚的一种表达方式，而不能看成是最后定论的学说。"所以说，看似神秘论不一定是坏事，停留在神秘论上不去设法求证检验才是坏事。科学的精髓在于不仅有能力大胆假设，而且要求有能力小心求证。在有确凿的证据之前，一定要对自己的声明非常小心，有一分证据说一分话，并且也时时提醒读者这样假设的依据是什么。

1927 年，美国的戴维森（Clinton J. Davisson）和革末（Lester H. Germer）及英国的乔治·汤姆孙（George P. Thomson）通过电子衍射实验，各自证实了电子作为一个有质量的物质粒子确实具有波动性，从而肯定了物质波的存在。至此，德布罗意的理论作为大胆假设而成功的例子，获得了普遍的认可，他也因此获得了 1929 年诺贝尔物理学奖。

图 2-5　电子的衍射实验，验证了电子的波动性

从严格的数学描述入手，薛定谔（Erwin Shrödinger）认为既然物质可以用波来表示，就一定要有一个波动方程来描述这些粒子。于是薛定谔带了一个神秘的妹子去滑雪，至今没有任何记载说这个妹子是谁。但当他度假回来的时候，薛定谔已经有量子力学的波动描述的全套理论了。1926 年薛定谔发表他的波动力学论文时明确地说："这些考虑的灵感，主要归因于德布罗意先生独创性的论文。"我们称这套描述的数学方法为薛定谔方程。

　　由于量子的波函数描述的是物质的分布概率，我们在研究物质波演化的时候也是在研究概率的变化，而不是一个具体在传播的"波"。这一点跟经典的波是不一样的，水波的连续性是可以观测到的，组成水波的粒子的运动是连续的。然而物质波的演化是一个概率变化的过程。电子从一个原子轨道变化到另外一个原子轨道的概率是随着时间逐渐变化的，而不是真的需要电子从一个地方以波的形式运动到另外一个地方，形成了确定的轨迹。对电子而言，它在原子周围的一个轨道是一个弥散的可能性分布，密度大的地方概率大，密度小的地方概率小。它从一个轨道跃迁到另外一个轨道，只是它出现在空间某一处的概率发生了改变，而不是像发生在经典世界里卫星从地球轨道跑到火星轨道上那样的轨道变化。概率的变化规律被薛定谔方程描绘。如果你还是不太明白的话，这个图像虽然不严谨，但也许能帮你了解个大概。首先，你要放弃掉具体的波的形象，先理解概率。我们说氢原子的基态波函数是一个球形的电子云，是说电子的出现概率像下图一样。它的激发态是一个哑铃状的原子云，当氢原子从基态向激发态跃迁的时候，是通过两个对应概率分布的重合部分由球状变为哑铃状，氢原子没有从一个"轨道"跳到另外一个"轨道"的经典行为。

在薛定谔方程的预言下，由于电子的不同分布概率状态间会有能量的差异。电子在这些状态间跃迁会把能量差释放出来。这些能量差对应于不同颜色的光，从而产生了原子的光谱，这是人们在实验上可以精确测量的。通过薛定谔的波动方程，人们计算了氢原子的能级，结果与实验精确吻合。其他原子的一系列光谱测量结果，也验证了薛定谔方程的正确。虽说有爱因斯坦这样的大神在不断对

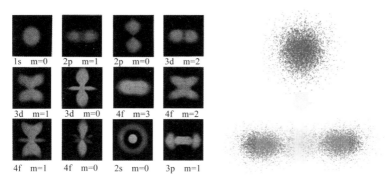

图 2-6　氢原子不同态的电子云（左）；氢原子能级的跃迁（右）

量子力学提出挑战，直到这本书写作的今天，我们进行的所有实验，都没有发现违背量子力学规律的。量子力学历史上反对的声音终于越来越少了，不是相信量子力学的人多了，而是反对它的人都死了。

二　双缝干涉实验

　　我们现在承认光和电子都具有波动性了，既然是波，干涉实验是波的典型实验。双缝干涉实验起源于光学研究，证明了光的波动性，否定了牛顿的光微粒说，以它的发现者托马斯·杨（Thomas Young）的名字命名：杨氏双缝干涉实验。

　　杨氏干涉实验里，光从隔板上的小孔 S1 发出来，经过隔板 S2 上间隔很小的两条缝 b 和 c。当光经过隔板时，它会被窄缝 b、c 散射，散射后光继续传播，最终在屏幕上形成了干涉条纹，这个实验证明了光的波动性。但如果是粒子的话，比如很多子弹从机枪里射出来，通过有两个窄缝的墙，这些子弹的落点就会在屏幕上形成两个正态分布的叠加，这样的话应该是得到两个相对强的条纹，两条相对亮的部分中间可能是一个稍暗的部分。所以，干涉条纹是波的特征，而两个正态分布的叠加是粒子的特性。

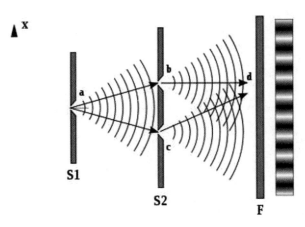

图 2-7　杨氏双缝干涉

　　但当我们把一粒一粒的光量子换成电子，电子也会发生像光波一样的干涉，虽然实际的电子双缝干涉实验一直到 20 世纪 60 年代才做出来，但早在 1927 年电子的波动性就在电子衍射实验里看到了。等一下，电子不是粒子吗？如果放一个探测器来记录电子到底是从哪个窄缝过去，我们不得不用一些测量工具来感知。比如说用一束光来照亮窄缝，电子飞过去的时候就会挡住一部分光，那么我们就会记录电子是从哪一条窄缝过去的。然而电子太轻了，光会改变它的行进方向，把电子从一个随机的地方踢到另外一个随机的地方，同时改变了电子的分布趋势。当我们观测的时候，电子的分布从干涉条纹变成了正态分布的叠加，这是典型的大量随机粒子的经典行为。等一下，说好的波呢？

图 2-8　经典粒子经过双缝会在投影壁上形成粒子的正态分布的叠加

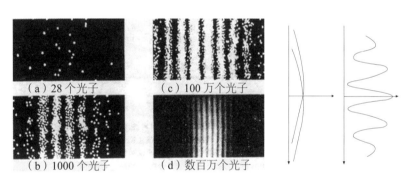

（a）28 个光子　　（c）100 万个光子

（b）1000 个光子　　（d）数百万个光子

图 2-9　量子粒子经过双缝干涉形成明暗相间的概率波的干涉条纹

波粒二象性给出了双缝干涉的一个解释：我们无法设计一个实验，同时来揭示波或粒子两方面的信息。任何一个实验，要么揭示量子的波动性，要么揭示了量子的粒子性。这两者互相"背书"，是背对背谁也看不到对方的背书。但这两者的结果毕竟是不一样的，物质到底是什么，难道竟然是由我们选择的观察方式决定的吗？这难道意味着树林里的苹果是以我们听或看的方式而决定其落地与否的吗？

但现在我要说一下接下来的游戏规则，与其一步一步引人入套，把人带进逻辑的泥坑，我明明白白地告诉读者好了，我将带读者进入这个非常有"违和感"的逻辑体系里，赤裸，直白，但这也是许多现代物理学工作者不愿意、不屑于去做的。做这件事情花太多的精力，而往往效果甚微，因为这个逻辑体系发生在现代数学逻辑建立之后。牛顿在建立万有引力体系的时候，没有微积分，牛顿自己建立了一套数学语言来描述它。微积分和理论力学同步成长，我们可以根据描述的对象来修改工具。然而量子力学建立的时候，它所用的数学工具都已经摆在那里了，物理学家拿来用就好。这导致了另外一个麻烦，当努力向不是物理专业的读者解释我们所理解的量子图像的时候，我们总说，您能先学习一下线性代数和偏微分方程吗？试图绕过数学这一关，用文字来解释量子力学是一个不严谨的过程。接下来我就简单说明一下什么是量子力学，读者可以干脆认为我狡黠，不为别的，只为让读者对这套思维方式觉得不适应、不舒服和不习惯。不过别着急，不懂不是你的错，是这理论的错。费曼（Richard Feymann）讲没人真正懂了量子力学，它原本就没打算被"人"理解。严肃地说，它可能触及了人类理性认知的极限，理解它要迫使我们或给我们机会绕开惯常的思维模式，另走一条新路。

与我们习惯的客观不同，观测是量子力学的核心问题。观测行为本身改变了被观测物体，而我们一定要强调和明确的是观测所选择的工具决定了物体的性质，而不是工具选择决定了我们"能看到"哪种性质。读者没读懂可以再读一遍。首先，一个孤立的物体是无法被感知的，而任何试图观察它的过程都是物理的，需要跟它发生相互作用，这吻合体验主义的基本想法。去研究我们无法观测的现象和无法验证的结论是缺乏实际意义的，但研究趋近这些想法的工具却是重要的前提条件。

我们无法不改变事物本身而得到一个"客观"的结果。对微观物体而言，这是很好理解的。我们观测一个电子的运动，不用光来照明，就没有办法知道它的轨迹，但用光来照明，光的能量就已经可以改变电子的运动轨迹。对宏观物体而言，因观察产生的作用效果大多时候太小而被我们忽略掉了。但因为非线性效应的可能作用，因观察而引起的效果往往也有可能是无法被忽略的。这是否意味着林子里的苹果你不去听它就不会落地？盒子里的猫你不去打开盖子看，它就处在死和活的叠加态？观测者永远与被观测的事物牵连，观测改变着结果，观测方法也决定了观测的结果。猜暗恋着的情人的心思，她于你有意，猜什么她都会说我喜欢，她的喜好是跟着她内心的答案走的。人类的理性不喜欢这样的不确定性，比如我们希望理性的法制社会的存在。基本的原则在那，不管做什么，接受审判的人在被审判之前，就已经根据既定的法律对自己的行为所要面对的结果有预判，而法庭不能根据对已经发生事实好恶的主观情绪，在审理的过程中制定新的游戏规则。"二战"后的法律界讨论纽伦堡大审判，从法理上来说对战犯的审判的罪名是不充足的，因为在"二战"进行过程中并无反人类罪的法律条款。按照法理，是不能拿这个战后新依据来惩罚战争中的罪过的。当然这几个类比是不严谨的，不能作为理解量子力学的途径。在量子力学里，量子测量导致的更为诡异的事实是，它告诉我们事物的存在形式取决于我们认识它的手段，而这个手段甚至是我们可以事后选择的。这意味着，我们也许从未生活在一个"客观实在"的世界里？！至少物理那端这是对的。但"客观实在"是我们整个唯物论的基础。

为了讨论任何一个物体的位置和动量，我们需要界定专为测量这些量而设计的实验工具的性能。假定我们要测量一个电子的位置、速度或动量以及它通过空间的路径，最直接的方法是用一架显微镜来跟踪这个电子的运动。然而电子自己是不会"被看到的"，我们需要用"光"来照亮它，显微镜再收集被电子散射的光而被我们看到。电子的尺寸很小，为了让显微镜的分辨能力能够看见单个电子，所要用的照明光的空间分辨率就必须很高，这样要求光的波长要很短，比如用波长非常短的高能量光——伽马射线，而这需要我们能接收伽马射线的显微镜来观察。我们知道光的波长变短，频率就会增加，而德布罗意告诉我们这样的光动量很大。伽马射线的光子被电子弹射开后，其中有一些被显微镜收集并用来产生放大的图像。但是海森堡（Werner Heisenberg）指出，我们这里会遇到一个问题。伽马射线是由高能光子组成的，我们从康普顿（Arthur H. Compton）效应得知，每一个伽马射线光子被电子反弹，由于反作用力，电子也被弹开，被弹开的方向和动量符合大概的概率分布，而不是确定的。海森堡不确定原理在这里起了作用，观测导致的光子与电子的碰撞使得电子的运动方向和动量发生了变化，这种变化一般说来是不可预测的。换个角度讲，用将光照到粒子上的方式来测量粒子的位置和速度，一部分光波被粒子散射开来，由此指明粒子的位置。但人们不可能将粒子的位置确定到比光的两个波峰之间的距离更小的程度，所以为了精确测定粒子的位置，必须用短波长的光，这样电子的动量就更加的不确定。

不用光子和电子相互作用的话，我们对电子的状态便一无所知，电子的运动状态是不同方向和大小的动量和空间任何位置的所有可能的叠加。用光作为探测手段，当我们看到电子的位置的时候，把所有其他的可能排除掉了。虽然也许我们能够确定电子的瞬时位置，但是电子与我们用作探测的光子相互作用，意味着我们对电子的动量将一无所知，并且因为这次测量电子的动量将更加的不确定。我们也可以使用能量低得多的光子来避免这个问题，方便我们测量电子的动量。可是光的能量低，它的光波长就会较长，这意味着空间分辨率的降低，我们因此必须放弃获得确定电子位置的期望。海森堡得出结论，量子粒子的位置和动量不能同时精确测量。要想确定这些量，需要两种完全不同的实验器件，精确测量其中一个性质同时排斥另一个。海森堡利用玻恩（Max Born）的波函数概率诠释，推导出一个受限于一维运动的粒子的位置和动量的表达式，这里"不确定性"实际上对应于数学的均方偏差。他发现位置与动量不确定性的乘积存在一个下限，其值为 $\hbar/2$，$\hbar$ 即约化的普朗克常数，1.055×10^{-34} 焦耳·秒。精确地确定电子的位置意味着其动量的无限不确定性，反之亦然。将同一论断扩展到能量和时间的测量时，海森堡找到这两个量的不确定性乘积的下限仍为 $\hbar/2$。这常常称为能量—时间不确定性关系。但实际上，海森堡的不确定性规则并不是告诉我们什么是可测量的，而是什么是可认知的。不管人们

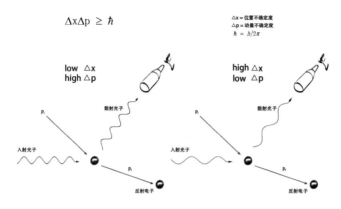

图 2-10 海森堡不确定性原理图

能不能接受这些观点，对于微观世界的物体行为的测量还是可以用半经典的方式来说明，但爱因斯坦找到了一个核心的诘难，这个诘难无法用半经典的语言来解释，它就是它自己，非同我们认识寻常的存在。

　　1935 年，为了证明量子力学的不完备性，爱因斯坦找到了一种物理情形，从原理上有可能获得量子粒子状态知识而不以任何方式干扰它，即 EPR（Eienstein-Podolsky-Rosen）实验：两个在其历史上的某个时刻曾相互作用而后分开的量子粒子（我们称这两个粒子为 A 和 B）。我们可以对其中的一个进行测量，依照海森堡不确定性原理，我们不能测量一个量而不引入对另一个量的影响。对粒子B也一样。然而如果我们考虑粒子A和B的位置之差和动量之和算。我们是可以测量A的动量而得到B的动量，同时测量B的位置，而这就违背了海森堡不确定性。如果我们坚持量子力学的完备性，那么这样的测量意味着一旦我们知道A的动量，那么B的位置也不确定了，因为A的位置不确定，即使它和B的位置差是确定的，B的位置也会因此受到A动量确定的影响。这样当我们测量A的动量时，我们"鬼魅般"地改变了B的位置，玻尔（Niels H. Bohr）认为，物理量本身同测量条件和方法紧密联系着，两个粒子由一个量子方程描述，就必须被看作统一的整体，单独描述一个粒子是没有意义的。这个整体性特点就保证了量子力学描述的完备性。但显然，爱因斯坦对这个解释并不买账：如果我们测量这两个粒子的位置之差和动量须求助于某种超距作用，这种超距作用，不管是否涉及系统物理状态的变化或者只不过是某种通信，都必须瞬间作用于离开测量器件任意远的另外一个粒子。这意味着它违反了狭义相对论的基本假设，即任何信息的传输都不能比光速快。爱因斯坦相信这样一种超距作用是不对的：粒子B的位置和动量有本来的定义，而波函数或状态矢量中没有任何东西告诉我们这些量是如何定义的，因此量子理论是不完备的。物理实在性要求将这两个粒子视为互相分离的，在测量的时刻它们应该由单个自主的粒子状态矢量描述。这样的实在称为"定域实在"，同时粒子分离为两个定域实在的独立物理实体称为爱因斯坦可分性。EPR构想实验的情形下，玻尔的诠释否认这两个粒子是爱因斯坦可分的，从而也否认了它们可被视为定域实在的，在对其中一个或另一个进行测量时两者都会受到影响。EPR实验根本挑战了经典信息的理解方式。

量子纠缠是量子体系状态的性质：量子力学中不能表示成直积形式的态称为纠缠态。举例说明：考虑两个体系A和B，每个体系有两个态，0和1，A=0或A=1，B=0或B=1，当我们把两个系统写在一起的时候，为了方便，我们把它写为AB。两个体系总共就有四个态：00、01、10、11。在量子力学中，存在这些态的"混合态"。这种新的存在形式没有经典对应，是量子力学的概念。我们用00+11来标记这种形式的存在，其代表00和11的"混合态"，00-11是另一个这种形式的存在，其代表另一个00和11的"混合态"。类似00+01+10+11是00、01、10和11的"混合态"。00+11和00-11都是"纠缠态"，因为其中第一个体系A，这时既不是处于1态，也不是0态，甚至不是0和1的任意一个"混合态"。体系A到底是处于1态还是0态与体系B是处于1态还是0态有关。比如在00+11里，当A是0的时候，B也是0，当A是1的时候，B也是1，

A和B并不独立，这就是量子纠缠。00+01+10+11不是纠缠态，因为其中第一个体系总是处于0和1的一个"混合态"，x态，x=0+1，和第二个体系B无关。第二个体系也总是处于0和1的一个"混合态"，x态，x=0+1，和第一个体系无关。这是因为xx=（0+1）（0+1）=00+01+10+11。纠缠态之间的关联不能被经典地解释，它指的是两个或多个量子系统之间存在非定域、非经典的关联。而正由于EPR的疑问，推演出了量子纠缠，而这些纠缠又被实验上认定是真实存在的。

假设两个色子在历史的某一瞬间发生了某种关联，把它们分别放到相距很远的两个地方，远到这两个色子都不可能对对方有任何作用。这时候再扔，我们会发现其中一个色子停到了某一点数，另外一个色子也会停到相同的点数。读者如果记得《星际穿越》中利用两个手表进行信息传递的情节，正是对这个原理的运用，而我们事实上并不知道这个原理是不是对黑洞也适用。量子力学和黑洞所代表的广义相对论之间的关系，到写这本书的时候还是一个尚未解决的问题。但EPR确实太奇怪了，它违背了爱因斯坦的狭义相对论关于实在的假设，即宇宙里的相互作用是实在的，相互作用被光速限制，任何两个事物的相互影响必须是小于光速的，不应该有超光速的关联存在。比如读者读到这一行字的瞬间太阳发生了大爆炸，

图 2-11　相互纠缠的两个色子，一个色子的
点数会影响另外一个色子的点数

地球受到的影响一定在 8 分钟之后，这 8 分钟里我们不可能知道任何关于太阳这次变化的信息。但最近二三十年的实验，证明了爱因斯坦是错的，在量子世界里这样的通信是允许的。此处的粒子真的知道彼处的粒子在干什么，它们只要在早期纠缠在一起，以后不管再分开多远，彼此都是"知晓"的。事实上，我们现在也在利用这个原理进行量子保密通信。

需要说明的是，我们最近二十年做的工作从量子力学的角度重新理解"信息"了的概念，这与香农（Claude E. Shannon）的经典信息学有很大的差异。目前看来一个物体所蕴含的信息可以分为两种不同的类别。一类是我们所习惯的经典信息，经典信息可记录、可传播、可描述、可复制；另一类是量子信息，量子信息描述的是物质的关联，量子信息被测量时会发生改变，不能被复制。量子信息的一个特征在于它可以发生信息的纠缠。中国物理学界把"Entanglement"翻译成"纠缠"，它是一类特殊的关联。关联是一种具体的存在，它像粒子一样是确实的物理内容。关联体现了量子力学的精髓。利用爱因斯坦的关于纠缠的悖论，事实上我们发现物质的一部分信息可以超光速传递，即相位信息，或纠缠的量子信息，而经典信息是无法超光速传递的。量子信息体现在物质组成单元的关联上，它不可以被直接用经典的方法测量，一旦测量就变化而消失掉，但它仍旧可以用量子通道，即关联的量子粒子来传递。经典部分的信息可以像打印机那样被扫描复制，信息的量子部分涉及组成基本单元的关联，被测量时就会被改变，也就无法被原样复制。但通过关联的渠道，即量子通道，它确实可以从宇宙的一点，立刻地，即时地，把一部分信息内容或者物体的状态传递到宇宙另一点，距离不是一个影响测量结果的参量，量子信息的传递与这两点的实际距离没有关系。

三　因果论

量子力学本身更像是一个唯象的理论体系，与我们所熟知的日常习惯模式不同，也至今没有被牛顿力学所建立的经典哲学所认识和包容，同样，它也不特别包容我们所习惯的经典认知哲学。但从实证的角度讲，我们迄今所有的实验都在确认它的正确，无一反例。量子力学曾经纠结于此，玻姆（David Bohm）试图通过整体论来复活隐函数理论，说明可以有基础的理论来解释量子的随机性事实上"也是可预测的"，而贝尔（John Bell）不等式的实验证明了隐函数理论并不存在（我们会插播很小的一节来说明贝尔不等式，这会有一定难度，但绝对是值得的）。我很小心地提出另外一个假设，即当体系变得复杂而缺乏足够的信息支撑的时候，体系所建立起来的关联会使体系可以被一个量子系统模拟。我还是小心翼翼地这样说，因为这个假设缺乏有力的数学基础，也许将来可以从量子模拟的角度建立实验去验证。就目前而言，承认这个假设会有助于我们解决很多现实的问题，这些会在我们后面的论述中用到，我们称为"对于复杂体系信息缺失时的关联假设"。

我们回到刚刚讲过的双缝干涉实验。粒子"知道自己"该落到比较亮的地方而不是比较暗的地方，这样才能形成条纹。做这个实验的时候，把粒子的密度降低，比如降低光的强度，每一次只有一个光子经过窄缝，时间足够长就一样会形成干涉条纹。按照经典的波粒二象的说法，粒子自己干涉形成条纹，但这件事情似乎无法设计合适的实验来证伪，只是一个说法，因为迄今我们还没有一个理论来解释量子行为。换个角度，我们一样可以说粒子跟粒子之间关联，继而产生了干涉。一个粒子其实知道另一个粒子会过来，到哪儿去，于是它选择了自己的落脚点。有些粒子先飞过去，有些粒子后飞过去，落在它们按照"概率波"干涉的规律该落的地方。但这样的结果会从逻辑上发生问题，先过去的粒子如何知道后面的粒子什么时候过来，自己该落在什么地方？本来出来之前大家都商量好的，作为第一个电子，"大家跟我来"，但是当前面的电子过去，掉在屏幕上某一个符合波动规则的地方的时候，比如是干涉的亮点而不是粒子的"亮点"（注意，很多位置它们是不一致的），确定自己位置之后，实验者决定把系统关掉，后面粒子不出来了。这样前面的电子的位置不是对的，关联而干涉的契约被打破了。再往下推的话，逻辑上就会有一个问题，这是不是说明现在的事情可以被未来的事情决定？我们再举一个例子。

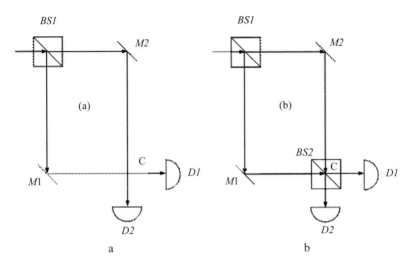

图 2–12　光子干涉实验

在半透半反镜 *BS1* 左边有一个可以发射光子束的光源。半透半反镜是一块镀有很薄一层银的玻璃，能将照射到其上的光一半反射，而让另一半光透过。对于单个光子来说，意味着有 50% 的机会被反射，50% 的机会透过 *BS1*。光子打到半透半反镜 *BS1* 上后，将处于两种不同传播方向的叠加态。在 *M1* 和 *M2* 点各放置一块全反射镜子，使得光线或者说所有光子都被反射到 *C* 处。*C* 处开始什么都不放（图a），光在此处出射的两个方向上分别放置探测器 *D1* 和 *D2*，这些探测器将会记录到达的所有光子。D2探测器发出一次嘀嗒声就说明从M2打来一个光子，而D1探测器发出一次嘀嗒声就说明从M1打来一个光子。到目前为止，我们只是对两个分离轨迹的概率进行了测量。平均而言，D1、D2将会各探测到一半光子。为了证实光子确实同时沿着两条轨迹运动，在C处再放置一个半透半反镜BS2（图b），这样来自M1（M2）的光会有一半被反射到D2（D1），另一半则会直接透射到D1（D2）。通过仔细摆放半透半反镜BS1、BS2可以使两束射向D2的光发生干涉相消，而两束射向D1的光发生干涉相长。从波函数角度去思考，很容易预测其结果，所有光都将抵达D1。沿着M1C、M2C方向传播的光波，在探测器D2方向传播将彼此相消，在探测器D1方向被相干加强。那么单个光子是怎样的情形呢？正如量子力学的预测，D1探测器不断发出嘀嗒声，说明不断有光子抵达那里，而D2探测器则没有任何声音，因此所有光子都抵达D1探测器的现象只能通过光的波函数进行解释。光的波函数先分散再汇聚，从而光波才会与自己发生干涉相长或干涉相消。因此我们可以得出一个可以说得通的结论：每一个光子都是同时沿着两条轨迹运动的。实验者可以有所选择，可以不在C上放置任何装置（图a），此时，测量D1、D2的计数显示出每个光子的运动轨迹。但也可以在C上放置一个半透半反镜（图b），可以说明每个光子都是同时沿着两条轨迹运动的。

这个到现在听起来都还蛮正常，现在我们来看一个完全不合经典逻辑的效应，量子力学的延迟选择。假设我们可以把光源打开仅仅 1 纳秒的时间（1 秒的十亿分之一）。在这么短的时间内，光源可以发射出几十个光子，之后操作者停下来几纳秒，想想接下来要做什么。由于一个光子在一纳秒的时间里只能运动 30 厘米。当实验者做出决定时，当初那些从光源极短脉冲中发射出的光子已经离开 *BS1* 很远了，当这个系统比较大的时候，这时它们到 *C* 还是可以有点距离的，新的决定做出来之时它们还可以在途中。假设实验者决定搞清楚每个光子所走的路径，在 *C* 处什么都不放（图 a），然后统计左右两侧的探测器记录的到达光子数，这时每个探测器应该各记录下一半光子。这实验者做出决定的时候，每个光子已经被"交给"了各自的路径，要么通过 *M1C*，要么是通过 *M2C*。假设实验者改变决定，当每个光子恰好还在自己路径上之后，想看看是否每个光子都同时处在两条路径上，将半透半反镜放置在 *C* 上（图 b），这时所有光子都会奇迹般地抵达 *D1* 的探测器。

我们还可以再做一件事，把半透半反镜留在 *C* 上，并放置一个障碍物，比如一个高速开关，挡在 *M2* 到 *C* 之间的路上，看看会发生什么。现在没有光子能通过 *M2C* 这条路径，所有到达 *C* 的光子都一定是通过 *M1* 过来的。此时两个探测器发出的嘀嗒声频率相同，每个从 *M1* 到达 *C* 的光子都有 50% 的机会直接透射到 *D1*，还有 50%

的机会被反射到 *D2*。干涉消除了，光子再次成为沿着特定路径运动的单个粒子。这样，当开关开着的时候，*D2* 没有计数，所有的光子都因为干涉相长跑到 *D1*。当开关关着的时候，*D1*、*D2* 各有 50% 的计数。问题是，我们并没有要求开关是什么时间关闭的。我们关掉开关的时间是可以选择在光子已经被交给各自路径之后但即将从 *C* 出来前。光子走哪条路是本来在光子从 *BS1* 出来之后就应该确定了的，但现在居然光走哪条路可以在光子快跑到终点时再确定。量子力学是允许的！

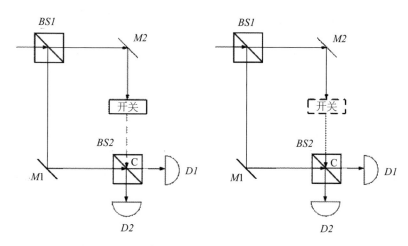

图 2-13　惠勒延迟选择实验里的光子干涉

如果量子力学允许这样，这个实验能在实验室内进行，那么在更广泛的时间尺度里也一定能进行。正如约翰·惠勒（John

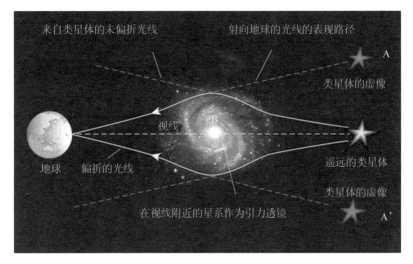

来自类星体的未偏折光线　　　　射向地球的光线的表现路径

A

类星体的虚像

视线

B

地球

偏折的光线

遥远的类星体

类星体的虚像

在视线附近的星系作为引力透镜

A'

图 2–14　由于引力的存在，从几亿光年以外射出的光也可以
　　　　　　有两条路径形成类似的干涉仪，而后选择允许我们
　　　　　　现在来决定几亿年前光以怎样的方式走哪一条路径

Wheeler）所说，延迟选择没有理由不能在宇宙的尺度上进行。我们
可以构架一个更宏伟的干涉仪，考虑一下从遥远类星体发射出的能
够抵达地球的光有两种可能路径，光可以在星系 B 附近传播然后被
偏转，比如说向上偏转，使其射向地球，光因为引力偏转现在已经
广为接受并能经常观测到。比如光在星系 B 附近传播并被偏转，向
下偏转使其沿另一条路径射向地球。如果一位天文学家将望远镜对
准了星系 A，他会看到在该星系附近通过的那些从类星体发出的光
子。如果观察类星系 A'，天文学家就会看到类星系 A' 附近通过

的那些光子。理论上沿着两条不同路经传播的光将会发生干涉，并只在一个方向上产生可见的光子，这与前面的光子干涉仪的情况类似。天文学家可以在光离开类星体数十亿年之后才决定是否寻找特定路径或者两条路径之间的干涉而得到相应的结果。做这个实验的现在决定了几十亿年之前发生的事情，这太诡异了，但根据量子力学，这却是事实。

我们习惯的因果关系，前因后果，现在的事件是受着过去的事情影响，这是正常的顺序，是因果关系。而量子力学的结果告诉我们，因果论是值得怀疑的。从这个实验看出来它可能出现了问题，未来的事情可以影响现在的状态。从科学体系上来说，我们曾经所努力得到的一种和谐，物理世界的规律也同样适用于整个世界的规律，不应该这个领域里面因果论是存在的，换一个领域因果论就是有问题的。因果论的问题同样表达在爱因斯坦的量子纠缠问题上，它的不合逻辑在EPR佯谬里被提出来。只不过EPR更强调空间域里违背相对论，而这里说明的是它在时间域里也违背了相对论，而爱因斯坦对相对论的坚持在于它完美地符合因果论，这是经典物理学的基本信条。

四 猫

　　历史上最著名的宠物恐怕是薛定谔的猫了。像我们上一节所关注的因果论问题，当我们把第一次关注的焦点从描述原子层面的微观世界转移到人类观察者的宏观世界时，人们发现了量子力学的明显不和谐。爱因斯坦提出了这个问题来诘难薛定谔，而薛定谔本人在一定程度上被爱因斯坦问倒了。

　　核物理实验经常用到盖探测数器，这是一种测量放射性的设备。当它接收到一个放射性原子衰变产生的粒子，就产生一个电子信号，发出嘀嗒嘀嗒的声音，嘀嗒频率高说明放射性强。这个信号也可以触发电子线路，拉动一个装在转轴上的锤子，锤子落下打破盛有氢氯酸的容器。整个装置连同故事主角——薛定谔的猫，被放在一个封闭的盒子里。按照所用的放射性原子半衰期，平均一小时会有一个原子衰变放出可以被盖革探测器探测到的粒子。但由于半衰期是大量粒子衰变的平均值，具体到某一粒子，我们是不知道它何时衰变的。原子衰变，盖革探测器就被触发，释放锤子击碎容器，氢氰酸流出将猫杀死。时间过去半小时，粒子有 50% 的机率衰变，50% 的机率不衰变。我们想知道猫是活着还是死了。量子力学告诉我们，我们打开盒子看的一瞬间之前，猫的状态是一种既不是活着也不是死了的"叠加状态"，而打开盒子这个行为，决定了在这一瞬间之后猫的死活。

图 2-15　薛定谔的猫

　　稍微严格地讲：在实际测量衰变之前，放射性原子的状态矢量必须表示为测量本征态的线性叠加，后者对应于未衰变原子和衰变原子的物理状态。涉及猫，我们应当把猫的状态矢量表示为如下两项（测量本征态）的线性组合：

（1）描述衰变原子和死猫的状态矢量之积；

（2）描述未衰变原子和活猫的状态矢量之积。

这个组合表达的意思是活猫的状态矢量对应于未衰变的原子而未被触发的盖革探测器，而死猫的状态矢量对应于衰变的原子继而被触发的盖革探测器。

在测量之前，猫处于一种模糊的状态，既不死也不活，是这两种状态的一个奇特组合，我们称之为叠加态。比如说假定我们要测量一个电子的位置或速度，我们用显微镜来跟踪它时，需要打一束光到电子身上把它照亮。观测导致的光子与电子的碰撞使得电子的运动方向和动量发生了变化，这种变化是不可预测的。不通过光子和电子相互作用的话，我们便对电子的状态一无所知，电子的运动状态是所有可能的位置和速度的叠加态。光作为探测手段，把所有其他可能的状态都排除掉了。对于想要知道测量前电子（或者猫）处于什么状态，是没有意义的问题。量子力学这种反实在论的诠释，使得爱因斯坦为首的科学家们非常不安，爱因斯坦把这一佯谬视为量子理论不完备的证据：一个包含死猫和活猫的系统不能视为事物的真实描述，猫的死活在开箱之前就已经确定了。而判定开箱这个测量的动作和猫的死活这个结果的关联，也成为ERP佯谬的核心诘难。

从潜在的可能到测量现实的转变，波粒二象性量子理论的数学框架中没给出这一过程的合理描述。如果将测量的工具看作量子粒子的组合，它毕竟需要由质子、中子和电子这些粒子组成，因而遵循量子理论的基本定律。这个测量过程隐含着从无穷的可能回归到一种测得到的可能，这个过程，我们通常称之为"坍缩"。坍缩的机理，哥本哈根解释即波粒二象的图景里完全没有说明。如果我们考虑的是量子关联，它可能会为这一困惑给出一个解释。首先，对于一个孤立系统，它不与另外一个系统发生关联的时候，它是否被量子系统或经典系统描述是无所谓的，真正的有差别在于我们同时准备两只完全一样的猫来做相同的实验，通过这，这两个实验的关联来研究。

薛定谔的猫的描述中，我们假定产生了一个相干量子态，对应于一个衰变原子的状态和一个未衰变原子的状态的线性叠加。退相干理论聚焦于密度矩阵的性质：密度矩阵所表达的是一个特定量子系统的所有可能得到的概率信息。对于薛定谔的猫状态的密度矩阵，其元素分别对应于观察到一个衰变原子的概率和观察到一个未衰变原子的概率，以及两个包含衰变和未衰变原子的干涉项。这个概率表达为三维概率图上的峰，概率对应于峰的高度。如果叠加产生的所有四个分量是同样可能的，则密度矩阵会有四个高度相等的峰。于是我们遇到了观察到活猫和死猫之间状态干涉的有限概率。然而依照退相干理论，密度矩阵中对应于干涉项的元素在原子与装置及其环境相互作用时，极其迅速地衰减到零。图中对应于干涉项的概率峰已被抑制，密度矩阵的形状就接近于经典概率分析，这时量子的描述作为一个统计的结果与经典的描述就趋于一致了。

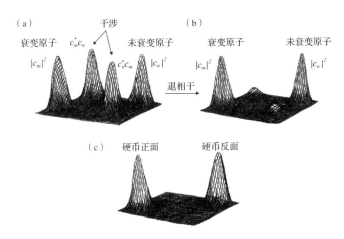

图 2-16　量子退相干成为经典态。退相干导致了干涉被抑制，从而量子系统的干涉接近于经典的概率分布

　　一个适当制备的状态矢量的相干性是很脆弱的，与几个光子或原子相互作用就足以造成相位关联的很快丧失，并把整个量子系统迅速变成经典的系统的模样。按量子力学的描述来说，在没打开箱子之前，猫是活的概率跟死的概率的叠加态，这两个态都是有可能

的。从单个系统来说，其结果并没有办法区别。区别发生在多个相同系统关联产生的时候。一个体系跟另外一个体系发生关联之后产生相干，我们可以看到两个叠加态跟两个不管是确定的"死"还是"活"的坍缩态之间是不一样的。我们在讲双缝的时候，当单个粒子打到屏幕上的时候，它遵循正态分布还是波的概率分布，从孤立的观测上来说是没法区分的。只有当很多粒子飞过去，粒子跟粒子发生关联的时候，波的概率分布跟正态分布的状态才会显著的不同，在这个例子里我们再次看到关联改变了系统本身。

我们再深入地思考一下这个问题。

量子系统里，通过测量让系统发生坍缩，我们说叠加态坍缩到了其中的一个态。这里我们暂且不讨论是什么时间发生了坍缩，而讨论是"谁"导致了坍缩而决定了猫的死活？

经典的哥本哈根讲法说打开箱子的一瞬间由观测者决定了猫是死还是活，但我们继续问下去，观测者到底是谁。对于放射性原子，盖革探测器的电路第一个观测到了粒子衰变或没衰变，这样探测器电路决定了粒子衰变状态。但猫作为电路的观察者，决定了电路是看到还是没看到衰变，这样猫决定了它自己死还是活。接下来是打开箱子的观察者，决定了猫的死活。观察者在开箱之后，整个世界只有他知道这个猫是死还是活，那么对外界来说，猫的死活还是未知的叠加态。这时候他妈妈打电话过来问他，那只猫是死还是活？

妈妈做了一次测量。故事又变成了妈妈打电话决定了猫是死还是活，但通过每一个测量环节我们又能继续延伸到每一个测量主体。妈妈的电话决定了最初的原子有没有衰变。整个过程里到底是谁决定了粒子的衰变？

在考虑的量子体系的纠缠基础上，我们不得不常常问这种纠缠体系能否拓展到宏观体系。人类的认知是宏观的，至少可描述的这一部分宏观认知可以用牛顿的经典逻辑背景来诠释，但一定意义上我们刻意忽略了非线性和关联性所呈现的不太优美的不能简单描述的大部分物质世界。直到我们不得不去面对它们，我们才承认我们对世界的认识是不太充分的。虽然世界不是不可以被认知的，但至少这里，在研究量子的坍缩过程的时候，我们似乎有种感觉在于习惯的认知遇到了实质性的困难。此外，我们只做猜想。我们认为量子世界的相干在走向宏观的某一个尺度上因为退相干的存在而消失掉了。这个退相干过程可以是因为测量，但也可以是因为与其他更多的粒子产生关联而减弱。粒子自己按照自己波方程演化着，因为被测量了，它的状态坍缩掉了，但测量它的工具被它的状态绑架而关联在一起，它和测量它的工具又形成了一个新的整体，而继续被更大的体系观察。那它的量子性质是什么时候消失掉的呢？我们其实并不清楚这个宏观物体的尺度界限。比如薛定谔的猫，放射粒子是量子行为的个体，电路是测量这个量子系统的工具，被电路控制的猫是测量电路工具，哪里是量子体系到宏观体系的过渡？如果在电路上放一个LED灯泡做显示呢？灯亮了说明放射性粒子跑出来，灯没亮说明没有。但我们总可以把电路跟放射粒子绑在一起，猫就成了观察设备，它来观察LED灯的亮暗来决定电路是不是放电。为了活着，猫会一直盯着电路。量子态允许观察者持续观察而一直坍缩在一个态上，所以猫死不死跟人没关系，猫自己看自己决定。我们也可以把人、猫、电路、放射源绑在一起，妈妈在外面问，这样就归结于妈妈决定了猫死活，跟第一观察者"我"也没关系。现在读者明白薛定谔的猫，这坑有多深了吗？这里说明的是退相干的过程，一方面观测使得系统不断地变大，被观测物体和观测者不断地纠缠在一起，另一方面随着系统的变大，纠缠会退相干，变得越来越像一个经典体系，而恐怕这之间并没有明晰的界限。

关于猫的问题，还有升级版的猫，叫量子芝诺效应：观察会改变被观察的系统。这要从古希腊哲学家芝诺（Zeno）说起。他有一个悖论：一支在空中飞行的箭，是不动的。我们给箭的每一瞬间都拍一张照片，这支箭在那一刻是不动的，当千千万万个不动的瞬间组合起来，箭也不会动。量子世界里，这样的事情是允许的，一个非稳态的粒子，如果你保持观察它，它就不会衰变，它的状态被观测锁定了。1935年，薛定谔就指出，芝诺效应在经典力学的框架上似乎是荒谬的，但在量子理论下却可以。一个原子的衰变过程会因为测量而遭到破坏。他为此提出了薛定谔猫的升级版：虽然在量子系统中，粒子的存在状态是一切可能状态的统计分布。在测量前，人们不能确定它处在哪个状态，但是一旦测量，系统就坍缩到某个状态。而如果一直保持在测量状态，就是说一直观察系统，系统就不会改变，不会从一个状态演化到另一个状态，而实验也证明了这是正确的。除了时间域的芝诺效应，当我们无损地一个原子一个原子地扩大观测者大小的而构成宏观的观察者的时候，我们也可以把被观测的放射粒子停止在永远不衰变的状态而维持猫的生命。

回到猫的问题上来，系统一旦跟外界发生关联的时候，现象本身就确定了，但是没发生关联之前，它是不确定的。而量子力学告诉你，这种不确定是一个内秉的性质，没有更深层次的理论来解释。随机性的体现是跟外界关联，对系统的测量本身正是建立这种关联的过程。因为测量系统建立与更大系统的关联以至于最终整个世界跟它关联在一起。读者也许发现了，这一点跟我们前面讲的哥德尔定理有特别的相似之处。我们不断地引入新的假设来避免原来体系的逻辑矛盾。但一旦引入新的假设，又造成了新的不完备性。对我们人的认知过程也一样，我们在有限的假设基础上找到相对正确的结论。每一次新的假设的提出，会解决已知系统里不自洽的问题，但它一样会有新的未知让我们探寻，每一次对已知体系的扩充，都意味着我们不得不面对更大的领域的未知。

量子测量、哥德尔的不完备定理和认知的体验存在有意思的类似。这种类似是巧合，还是深入的内在一致？也许有一天我们可以更多地了解量子系统怎样过渡到经典系统的过程，这种类似就会有更清晰的涵义展现在我们的面前。

五　量子纠缠的缘起

　　爱因斯坦并不是反对量子力学的结论，事实上，他在世的时候已经有大量的实验证明了量子力学的正确性。他只是非常非常不喜欢量子力学的数学描述。这套理论太不理性，应该有一个更好的理论来解释量子力学的所有推论，并且把量子力学所揭示的非理性概念回归到他所习惯并信仰的理性框架里来。比如纠缠态的一对粒子，如果对其中一个粒子进行观测，我们不只是影响了它，也同时影响了它所纠缠的伙伴，而且这种影响与两个粒子间的距离无关。两个粒子的这种非经典的远距离连接，爱因斯坦称之为"鬼魅般的超距作用"。爱因斯坦无法相信纠缠会如此运作，他认为应该有更简单的方式可以解释为什么它们彼此连接，而不必涉及神秘的超距作用。玻尔拥护量子力学的结论，相互纠缠的粒子即使相距很远，也可以互相连接；而爱因斯坦不相信有鬼魅般的连接，他认为在观察以前，一切就已经决定了。爱因斯坦称，粒子在被观测前就已经决定了自己的状态。爱因斯坦会说"那你怎么知道呢，你测量它，就会发现那是绝对的状态"。玻尔则会说"但那状态是由于你的观测所造成的"。双方辩论的当时，没人晓得怎么去解决这个问题，于是这个问题被认为是哲学问题，而不是科学问题。爱因斯坦逝世前仍旧相信量子力学是个不完备的理论。所以问题回归到了先验在时间上的因果关系。

爱因斯坦把他的论点进一步具体，他解释说一对纠缠态的粒子用一双手套就可以说明。想象把一双手套分开放在两只箱子中，一只箱子送到南极，另一只箱子送到北极。在两只箱子分开前，箱子里放着左手或右手的手套其实已经确定了，只是实验者缺乏这方面的信息而已。打开送到北极的箱子时，如果观察者看见左手的手套，在这瞬间，就算没人看过南极的箱子，你也能够知道那里装的是右手的手套。这一点也不神秘，你打开箱子，显然不会影响到另一只箱子里的手套。放在北极的这只箱子装着左手的手套，而南极的那只箱子则装着右手的手套，这是在当初分装时就已决定了的。爱因斯坦相信，所谓的纠缠态只不过如此而已，电子的一切状态在它们彼此分离的时候就已经决定了。同样的问题牵涉到薛定谔的那只猫，人们还是倾向于相信箱子开之前猫的死活就已经确定了。然而，量子力学的反驳来自多方面，一是我们的相同制备的关联系统展示了如果猫不是叠加态而是一个确定的状态，就不会出现相干的选项，而事实上确实会。另外，关于到底是什么时候决定了态的选择，左手手套、右手手套是箱子被分开时决定的还是开箱的那一瞬间决定的，约翰·贝尔设计了一个聪明的实验来检测这个先后的时序问题。

设想两个人玩扑克牌，游戏规则很简单，庄家发牌，两张，颜色一样，都是红色或者都是黑色，庄家赢，颜色不一样，闲家赢。连玩十把，闲家都输。闲家觉得庄家作弊，要求修改规则。再玩一次，还是庄家发牌，这次两张颜色不一样则庄家赢，颜色一样，闲家赢，连玩十把，闲家还是都输。闲家这时候意识到庄家肯定是根据游戏规则在发牌时作弊了。所以闲家要求一个新规则，先让庄家发牌，牌发好放在桌子上，再由闲家来指定游戏规则，选择颜色一样赢还是颜色不一样赢。注意，这时候我们意识到游戏规则发生了一个根本的变化。如果我们把"游戏规则的制定"看作一种测量手段，实际的测量手段是在发牌事件发生之后才进行的。我们依此对爱因斯坦的问题产生了一个判别，"选择"发生在两个箱子分开前还是打开箱子之时。如果第三次猜牌的游戏庄家输赢各一半，说明庄家前两次只是以某种我们不知道的方法作了弊，但如果第三次游戏，庄家还是连赢十把，或者赢的概率确定大于 50%，就说明跟庄家没有关系，牌本身有某种莫名其妙的关联，而庄家只是掌握了这种关联的规律。贝尔不等式用数学的办法描述了这样的判定过程。事实上，如果贝尔不等式成立，那么爱因斯坦所说的预先已经确定的描述就是正确的，庄家一定是不可能全赢的，但如果贝尔不等式不成立，那么就有可能是规则制定在发牌之后才起了作用，打开盒子观察这一过程决定了手套是左手的还是右手的。1982 年阿兰·阿斯派克特（Alain Aspect）的实验证明了贝尔不等式不成立，爱因斯坦错了，无论规则是什么，量子都知道。

假设我们现在要把爱因斯坦的白手套做一些处理，因为我们要把一副手套分开放在箱子里，然后把箱子分开放到南极和北极。假设我们的实验不那么理想，严寒可以让手套严重变质，塑料手套在打开的一瞬间就可能因为严寒而坏掉，分不出来左右。那么出发前，我们就应该对一批参加实验的手套做实验，确保它们可以用来参与这个实验而不给我们造成额外的麻烦，从而选择一些合适材质的手套来参与实验。

　　　　实验a，在 0℃情况下放 1 小时；
　　　　实验b，在 -25℃情况下放 1 小时；
　　　　实验c，在 -50℃情况下放 1 小时。

我们用一个简单的方块来定义可能的结果。通过实验a的手套用a_+表示，并构成空间的上半部，见图。通不过实验a的手套用a_-表示，并构成空间的下半部分。通过或通不过实验b的手套，给出用b_+和b_-表示，并构成空间的左半部和右半部。通过实验的手套用c_+表示结果，并取方块中间的一个圆形空间表示，那些通不过实验c的用c_-表示，并落在圆的外面。

（a）

（b）

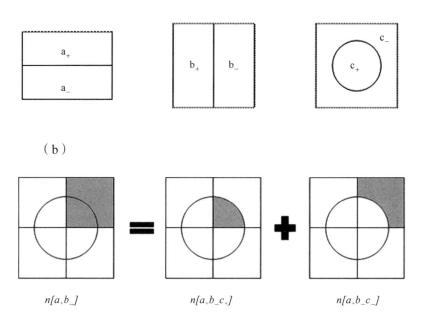

$n[a_+b_-]$ $n[a_+b_-c_+]$ $n[a_+b_-c_-]$

（c）

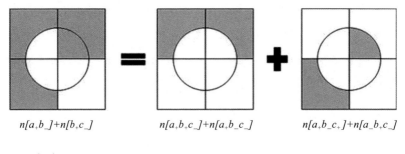

$n[a_+b_-]+n[b_+c_-]$ $n[a_+b_+c_-]+n[a_+b_-c_-]$ $n[a_+b_-c_+]+n[a_-b_+c_-]$

（d）

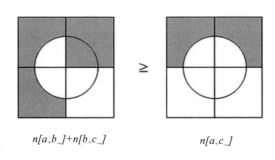

$n[a_+b_-]+n[b_+c_-]$ $n[a_+c_-]$

图 2–17

　　我们标记通过实验 a、通不过实验 b 的手套数目为 $n[a_+b_-]$，如图（b）所示。这样 $n[a_+b_-]$ 可表示为两个子集的和：一个子集的成员通过 a，通不过 b，通过 c，记为 $n[a_+b_-c_+]$；另一个子集的成员通过 a，通不过 b，也通不过 c，记为 $n[a_+b_-c_-]$。同样的推理显然也适用于其他集合和子集的任何组合。如果我们将 $n[a_+b_-]$ 和 $n[b_+c_-]$ 相加，并将和式所包含的四个子集归为两组：第一组包含那些通过a、通过b、通不过c的手套（记为$n[a_+b_+c_-]$）和通过a、通不过b、通不过c的手套（记为$n[a_+b_-c_-]$）；第二组包含那些通过a、通不过b、通过c的手套（记为$n[a_+b_-c_+]$）和通不过a、通过b、通不过c的手套（记为$n[a_-b_+c_-]$）。这时第一组其实就是集合$n[a_+c_-]$，由此得$n[a_+b_-]$与$n[b_+c_-]$之和必定大于或等于$n[a_+c_-]$，如图（d）所示，因为第二组子集中的数必定大于或等于零。我们仔细来看这个推论，实际上是有问题的，一只手套通过了实验a，就不可逆地改变了它的物理性质，即使它通过了实验a，它不能说对实验b是一个全新的实验，更不要说实验c。$n[a_+b_-]$只有理论上的意义，而可能实验上并不可靠。但我们的手套都是成双的，左手手套和右手手套的性质应该是一样的，我们还是可以通过做两组实验来推断另外一只手套的性质，不管我们对一只手套干什么，不应该影响另外一只手套。

这里，我们事实上假设了手套是爱因斯坦可分的。

我们设计三组不同的实验。

实验一：对每一双手套，左手经受实验a，右手经受实验b。如果右手通不过实验b，那么左手也通不过实验b。如果手套是爱因斯坦可分的，那么左手通过a、右手通不过b的总数，记为$n[a_+b_-]$。

实验二：如同实验一，对每一对手套，左手通过实验b，右手通不过实验c，记为$n[b_+c_-]$。

实验三：左手通过实验 a，右手通不过实验 c，记为 $n[a_+c_-]$。

这样我们就得到了，如果左右手套是爱因斯坦可分的，那么就有

$$n[a_+b_-]+n[b_+c_-] \geq n[a_+c_-]。$$

这就是贝尔不等式的一种表达形式。我们只要在实验上设计适当的性质，来检验一组具有纠缠性质的物理量，是否违背这个不等式，如果违背了，那么它们就是爱因斯坦不可分的，换句话说，两个状态不是独立的，而是以某种状态关联在一起，作用在左手手套上的实验实际上改变了右手手套的性质。

事实上，既然测量时才发生改变，那么这副牌是可以用来传递某种消息的。因为不需要事先安排，可以先分布量子纠缠的单元，比如两张纠缠在一起的扑克牌。一张放到南极一张放到北极，当需要传递信息时，再翻扑克，通过改变手里的牌来影响远方的牌而传递信息。但这时候还有个问题，就是怎么传递规则，怎样告诉庄家，现在游戏规则是什么，这样庄家知道自己会赢而得到闲家手里牌的确切信息。但事实上，游戏规则是没法通过量子通道来传递的，闲家不得不打电话告诉对方他的决定。但好处是，闲家现在只要说我刚才选择的玩法是什么，而不用告诉庄家我这边是什么样的牌，庄家就可以通过自己手里牌的颜色来知道闲家手里的牌的颜色。这样做的好处是，如果有人正好拦截了电话，他也只能知道闲

家选择的游戏规则，而不知道庄家或闲家手里得到的到底是什么。而根据我们前面讲述的量子随机是真的随机，他也没法预测到他听到的规则应该用到怎样的牌上来推测庄家或者闲家手里的牌。这样，就可以实现真正保密的通信。

爱因斯坦提出来量子纠缠问题，认为它违背了相对论，因为它的相互作用可以比光速更快。但当我们对通信过程有更深认识后，会发现经典通道是没法被忽略掉的。我们必须要告诉对方规则是什么，否则通过量子通道传递的信息没有意义。当这两类信息都要考虑的时候，传递有效的可理解的信息被光速限制，并没有违背狭义相对论，这样便解决了爱因斯坦的疑问。

量子纠缠建立了两个系统之间的关联，关联本身是不可被分别描述的，因为描述的过程中，我们不得不改变了它们之间的关联关系。观测过程使被观测对象发生了变化，跟想要观测的不一致。想要观测的事物本来是叠加态，但是一旦观测就把它变成了或这样或那样的经典态。对应于波和粒子，由观测规则而选定了物质的两类不同性质。

量子关联本身在观测的时候会受到破坏，成为量子纠缠作保密通信的保障。两方进行通信时，第三个人插手窃听，就对系统进行了测量，导致系统改变。发射者跟接受者是纠缠的，一旦第三者要跟系统发生关系，发射者跟接受者立刻都知道了。这时三者又绑定成一个系统，系统内部是三者关联，这时候三方都即时地知道彼此的状态改变。相比传统的通信方式，一个人在一个地方打电话，另外一个人在另一个地方接听，这时候窃听者接进来一根线。前两者可以继续通话，即使有因窃听而发生的信号减弱，窃听者也可以通过信号放大，而接收者感觉不到信号强度的变化。窃听者对两端都不影响。通话者不知道中间有人在窃听。量子通信就不一样了，量子有不可复制的要求。一个粒子的状态被测量了，它本身就坍缩在所有可能中的一个，所携带的量子信息变化了，任何努力复制它的企图都没法复制这个粒子的全部信息而不影响它的状态。但实验中不是说它的量子信息就丢失了，我们还是有办法把它的量子信息转移到别的载体上，但原来的载体所携带的信息必然因此消失。通信者只能做到转移，而不能做到复制。但量子纠缠建立起来之后，因为通信双方是由量子通道关联的，一旦有第三者参与之后，通信的两端都会同时知道，"通信被窃听了"，要重新换一个频道来打，这样能保证通信的可靠性。这个过程是物理规律保障的：没法被窃听。当然这里会有问题，在于传输的稳定性，如果一直有干扰存在，是很难在保密和高效传递信息之间平衡的。

从量子关联的角度讲，关联的建立是量子的本源，薛定谔的猫，长程相互作用、量子纠缠和双缝干涉开始，关联破坏了因果论。从测量来讲，测量本身是关联的拓展。从超导的角度来讲，关联导致了超导现象的产生，电子跟电子之间是非定域而相互关联的。这种相互关联可以不受空间的限制，是"非局域化"的。因此从关联的角度来讲，量子本身不仅是一个研究原子或研究微观世界的东西，它本身就是一套研究事物之间关联的知识系统，描述了复杂系统和另外的复杂系统关联怎样影响彼此。经典统计的情况下，把每一个东西都作为粒子，缺乏足够信息的时候，粒子的随机分布导致了正态分布。在量子情况下，粒子行为叠加出来不是正态分布，它会有彼此发生关联而产生复杂的状态，这些复杂状态可能就是要用不同的方法来面对。而我们确实掌握了一些工具，但就今天的研究深度和我们科学研究的雄心比较起来是远远不够的。

从关联的角度来讲，我们也可以提出量子力学不同的诠释。量子力学有不同的诠释，有隐函数理论，也有整体论解释，也有多重宇宙的解释，关联理论也是一种解释。关联的角度来解释，量子力学有可能不光是一个解决微观世界的理论，它有可能过渡到了宏观。宏观本身也是很多事物之间进行关联，那么这些关联是怎么产生的，它运作机制是什么样子？就可以用我们讲到的信息缺失下的复杂体系的量子的假设对宏观事物进行一定程度的模拟。但需要强调和明确的是，如果我们谈到量子力学是复杂系统关联的一种研究和描述手段，我们在很大意义上推广了它的适用性。老实说我们不是充分地有信心这样做，但我们没有足够的理由说这样做不合适。模拟在我们的研究中作为常用的手段是非常重要的，我们有很多经济学模型，金融的、气象的和自然的模型，我们都用计算机来对它进行模拟。

对复杂的社会现象或类似的复杂体系来说，可以用量子体系来做模拟器。因为它们的关联源于深处的量子化，那么根据量子的第一性原理，一个量子系统可以模拟另一个动力学表达相同的量子系统，它也可以对一个复杂的真实体系进行模拟。从这个角度来说，我们不仅仅是研究微观世界的东西，而是通过微观世界相对简单一点的关联，来研究复杂的宏观世界的事物。量子的规律并不局限于微观世界，它可以描述成为宏观的复杂体系普遍的工具。

我们关注于描述是一个关联的复杂体系的，如果说它必须用某些状态来描述的话，我们需要无穷多的经典状态。一个电子在没有被测量的时候，可以弥散在整个宇宙，但一旦测量它必然出现在宇宙间的某一点。为了表达它落在宇宙中间某一点的概率时，要把宇宙间所有点出现电子的概率都进行测量，得出每一点的概率，然后按照概率分布把它们叠加在一起。这意味着事实上一个量子状态需要无穷多的经典状态来描述，实验上当然我们无法满足这一点。在实际系统的模拟的时候，我们把条件赋予量子模拟器，用黑盒子的研究方式，只关注结果，而不去具体分析它们之间的关联是怎样发生的。无论从量子关联的角度还是从复杂系统的角度，这些关联的细节都无法被一一了解清楚，而在了解的系统过程中，我们已经改变了这些系统。

六　稍稍深入的量子力学

　　为了把我们介绍的不同观点说得更明白一点，让读者有浅尝辄止的感觉，我们将要重述量子力学的基本假设。这些假设极其的数学化，读者可以赤裸裸地忽略以下内容的存在，而也许只有这样，我才能放开手脚，写给有兴趣继续深入的小众。

　　所以接下来读这本书的逻辑，我假设读者即使不是数学和物理专业的，但至少有基础的理科背景。如果是这两个专业的，在了解这一章所讲述的逻辑结构以后，可以找深度更合适的来读。对于非这两个专业的读者而感兴趣的，我也无法用文字来描述清楚这些数学的概念。所以，既然可以相信假设，比如我们接纳了光速不变和协变性假设，我们就可以开始讨论狭义相对论，如果你相信这两条之上还需要有假设来创造这两条假设，那么可以归于上帝存在，上帝创造了假设。而这里，为了让我们的讨论可以继续下去，读者就要暂时"迷信"我说的结论，而不要在这本书的难度和范畴里讨论深入的细节，姑且把它当作讨论的假设。再深入，过去一百多年里的物理学实验和理论的发展奠定了足够的基础，尽管去相信好了，不必质疑。如果读者真的好奇而质疑的话，不要用这本书的证据和论证作为质疑的根据，它本来就不是一本专业的教材和论文集。向下深究需要足够的数学基础和物理学训练，我们这些讨论的内容作为假设接受即可。

假设1　一个量子力学系统的状态由其状态矢量完全确定。

量子系统里任何有物理意义的东西，被认为全都包含在其数学结构的状态矢量之中。但有一点必须强调，量子理论具有概率性质，这体现在状态矢量中的许多信息都以概率密度的形式给出，而概率密度由状态矢量的模平方导出。我们用状态矢量的模平方而非平方，是因为状态矢量自身可能是复数，这源于其"波"的一面，而概率密度若要表示系统某种可观察性质，它的值必须是实数。

量子力学的概率解释要求大量同等制备的粒子展现出一种分布概率。这个概率体现了粒子在这里或在那里被发现的概率更高。在多次测量后可得到一张概率随空间坐标分布的地图。如果我们想要知道在空间某特定位置发现一个粒子的概率，那么在这一位置发现粒子的概率一定为零。它必须在这周围有个小的空间来容纳这一粒子。当我们讲某一位置的概率密度时，意味着这一位置附近的小体积，我们把它叫体积元，那就须由状态矢量计算得到的概率密度乘以该处的体积元，这类似于通过质量密度乘以体积得到某物体的质量。这些概率是对个别量子粒子而言的，所以整个空间里概率之和应等于 1，这个粒子必定会在某处，即归一化条件。由此可以知道，为了让这张概率地图有足够的清晰度，事实上我们需要对同样状态的量子系统重复测量。这也说明，一个量子的概率波方程，需要无穷多次的经典测量的结果才能更清晰知道它的所有可能。

这是一个重要的推论，它告诉我们，除非在一些非常特别的情况下，为了精确描述一个量子的状态，我们需要足够次数的经典测量结果来获得足够的近似。由于可能的非线性效应存在，"小概率"而"大影响"，任何一个"经典信息"都会具有同等可能的重要性，而不可以被统计平均掉。我们还是要强调这不是推论或证明，只是为了让读者有更深的印象。斯大林说死一个人是悲剧，死一百万人是数字。在量子世界里，每次事件都有可能是"伟大"的。与经典统计不一样的是，事件不能因为概率小而被忽略。因此，为了完整地描述一个量子信息态，我们需要无穷多的经典信息。

薛定谔波动方程可在经典波动方程中使用德布罗意关系导出。基于薛定谔方程求解而得到的概率分布，可以将经典的系统总能量（势能与动能之和）、动量用它们在量子力学中的等价算符代替，而得到某一概率分布下的平均能量、动量和其他物理量。这样，量子理论的描述根植于一种数学方法，这种数学方法用适当数学算符来表达为了获取系统某个物理量而采取的测量，而最终获得某一数值的概率。量子理论非常严格地强调了"测量"在理论中的重要性，为了反映这一点，物理量常称为观察量。我们于是有了第二个假设。

假设2：在量子理论中，观察量由施用于相关希尔伯特空间的数学算符表示。

量子理论的每一个观察量都有一个与之对应的算符；反之，每一个算符都对应于一个观察量。可是实际上，对于很多算符，很难设想实际进行测量所需的装置。人们感兴趣的大多数计算只为获得为经典物理所能理解的"标准"观察量，如位置、动量、角动量以及能量所对应的算符。理论与真实世界里的可观察量相联系的必要性还限制了算符本身的结构。算符必须是线性的，必须符合某种结合规则，算符的本征值是实数，而且只有实数才能够表示观察量的值。比如我们在经典物理里常说的质量，如果我们把量子粒子的质量视为一种观察量，那么应当承认在大学所传授的常规的量子理论里没有质量算符。但是实际上更高深的量子处理中确有质量算符，应用它可以得到基本粒子的质量，这就需要希格斯玻色子了。这把我们引向第三个假设。

假设3：观察量的均值由相应算符的数学期望值给出。

假设 3 强调了量子理论的概率性质。我们常将在一系列同等制备的量子粒子上重复测量的结果解释为获得了集中于观察量均值周围的一个分布。而且，只有进行无穷多次测量时，概率分析中的期望值才能给出真正的均值。如果状态矢量是算符的本征态，期望值正好就是相应的本征值。当然，这些量不能再用普通的数学来表示。它们要么是矩阵力学，要么是算符动力学或基于矢量空间的量子理论。我们从线性代数里知道，在矩阵力学里，乘法中乘的次序很重要，这对应于在后一情形下算符施用于函数的次序很重要。我们会在测不准原理里看到这个问题。

量子理论表达的最后一块基石是关于量子状态的时间演化，总结在第四个假设。

假设4：在一个不受外部影响的封闭系统中，状态矢量将依照含时薛定谔方程随时间演变。

含时薛定谔方程可以通过在经典波动方程中应用量子条件不严格地导出。我们要注意其实在此步骤中没有任何东西得出波动方程的不连续或不确定。在不受外部影响时量子态的演变是完全连续和确定的。然而薛定谔波动方程的含时形式不能描述从一个状态到另一状态的瞬时、不连续和不确定的跃迁。我们称这种跃迁为量子跃迁。事实上我们不得不将薛定谔波动力学的确定性方程与玻尔原子理论要求的不确定量子跃迁结合起来论述，纯粹因为后者不能从前者导出。

测不准和不确定

我们先让子弹飞一会儿。一颗飞行的子弹，在它飞行的时候用一架高速照相机拍照。我们会得到子弹在一系列固定时间上的照片，每一张照片记录了一个特定时刻子弹的位置。通过分析照片序列，我们可以得出子弹的位置，再分别测量子弹的质量，可以计算子弹在飞行方向的动量（质量乘以速度）。假设出于某种好奇心，我们需要计算子弹的位置 x 和动量 p 的乘积。选择通过位置乘以动量来计算或者选择动量乘以位置，都不会影响我们想知道的结果。我们称之为经典物理量 x 和 p 是可对易的，$xp=px$。这似乎看来是不言而喻的。但是量子理论的创立者们在 1927 年发现：对于量子粒子，这些物理量相乘的次序应当有影响。动量 p 并不是一个独立于位置 x 的量，它正比于位置变量 x 关于时间的导数。如果假定 xp 减 px 等于 $i\hbar$，其中 i 是 −1 的一个平方根，$\hbar$ 是约化普朗克常数，理论预测与实验结果就可一致。经典力学可在普朗克常数趋近于零的极限情形下从量子力学恢复出来。这称为量子力学位置——动量对易关系。因为 $\hbar$ 非常小，对于子弹一样的宏观物体的测量不会显示出与我们常识相抵触的行为。而对于微观粒子如电子，就不一样了。然而也正是由于这个案例引人注目，容易用半经典的说法说明，给人留下了刻板的印象，让人们习惯认为量子力学是微观世界里特有的现象。在这本书里我们给出了不太一样的理解，让读者明白量子说的不仅仅涉及微观世界，它描述的系统的关联也会拓展到宏观世界。

接近量子物理的最直接办法是把原子系统变得低温。德布罗意波长等于普朗克常数除以粒子的动量，而原子的动量跟它的平方根动能成比例，而动能又跟温度成正比。因此，德布罗意波长与温度的平方根成反比，即 $\lambda \sim 1/\sqrt{T}$。

这样物体的温度越低，它的德布罗意波长就越长，其量子特性也越明显。当德布罗意波长这么大尺度的空间里平均只有一个原子的时候，就会发生玻色—爱因斯坦凝聚或者费米狄拉克凝聚（Fermi-Dirac Condensates）。因此为了得到一个足够大（宏观）的量子系统，超冷原子实验的核心问题在于制造一个低温的系统。

熵，出现于热力学第二定律，可能是中学物理很难说清楚的一个概念。因为它的定义涉及微积分的常识，没有相当的数学基础，很难明白它的意义，因此也被"神秘论"所滥用，像其他名词诸如"磁场"和"暗物质"一样。

图 2-18　麦克斯韦妖控制隔板上的门，放过这样的
分子而把那样的分子拦在门那边

　　熵，本身代表无序性，熵给了时间的方向。在一个大盒子里放着很多"这样"的分子和"那样"的分子。开始的时候，这样的分子在这边，那样的分子在那边，但所有的分子都不会安静地待着，用不了太久，这样的分子和那样的分子就会混杂在一起。熵，就是说明这个混杂程度的一个物理量。按照热力学第二定律，系统如果是封闭的，它的混乱程度只会增加。也就是说，这样和那样分子再也回不到最初彼此分开的状态了。这时候我们说这样的、那样的分子在盒子里所形成的封闭系统熵增加了。要想让熵减少，需要外界供给能量给这个系统。麦克斯韦提出了一个佯谬，叫作麦克斯韦妖。在盒子中间安一个挡板，把盒子切成两部分。挡板上开个小洞，装一个没有摩擦的小门，派一个小妖看着。当它看见"这样"

的分子飞过来，它就打开门，看见"那样"的分子飞过来，它就闭上门。时间足够长之后，这样的和那样的分子就可以再分开了。在这样的和那样的分子、盒子和小妖组成的封闭系统里，熵又可以减少了。麦克斯韦妖的问题困扰了很多科学家。直到香农说：小妖要看到分子飞过来，要分辨是"这样"的分子还是"那样"的分子。做这个判断，是要以处理信息为代价，需要消耗能量的，所以这个系统并不是一个封闭系统。香农也从这一点出发，建立现代信息论，信息处理是一个物理过程，是消耗能量的。

麦克斯韦妖通过观测获得一个比特信息，知道飞过来的分子是这样的还是那样的，决定开门还是关门，把系统的熵降低，付出的代价是耗散 $kTln2$ 的能量，k 是玻尔兹曼常数，$ln2$ 是 2 的自然对数。就是说如果环境温度是 T，那么产生一个比特信息就需要付出 $kTln2$ 能量为代价。想降低系统的无序程度，要付出耗散热量的代价，这并不违背热力学第二定律定理即熵增加原理。对热力学而言，低温意味着有序化的增加，即熵的减少。如果要达到这样的目的，实验上需要很多很多的麦克斯韦小妖来帮忙区分高速的原子和低速的原子，把低速的原子拣出来，它们的平均温度就降低了。

这里要纠正一个我们习惯上的概念：对称。我们通常说的"对称"，在物理上是不对称的。物理上最大的对称，就是没法分出来哪个方向上或者哪种可能更具有优越性。在上面的例子里，"这样"

的分子和"那样"的分子充分混合是对称的分布，而不是这样的分子在盒子的一边、那样的分子在盒子的另外一边。玻尔兹曼认识到，如果宇宙是个有限大的封闭整体，没有外界给它能量，那么最终也会完全对称，该发生的反应都发生了，进入一种"热寂"的状态，整个宇宙成了完全没有任何反应的"糨糊"。据说玻尔兹曼因为想到了宇宙的这个终点，深感无聊，决定先走一步。

如果说要让一个系统变得有序，需要外界给它提供能量，从而构成一个开放系统。开放系统是可以熵减少的。对称性是可以被破坏的，从而有序化，这是普利高津（Ilya Prigogine）的对称性自发破缺理论。而正是有了这样的机制，当我们把万有引力考虑进热寂的问题上来时，热寂就不会出现。因为重力的存在，这些弥散在宇宙里的粒子会互相吸引，重新凝聚成这样和那样的分子，组成物质和星球。同时，由于势能提供的能量是负的，它正好充当能量的提供者，因此宇宙这个大系统也可以被看作不封闭的。再远一点，涉及暗物质和暗能量的问题，超出了这本书的讨论范畴，因此我们不再做太多的展开。让系统变得有序化的另外一种方式，我们可以把系统的温度降下来。实验上，我们发展了另外一套办法，从而使系统更容易建立量子的关联。

系统的温度由组成这个系统的分子的随机运动来决定。分子向各个方向无规则运动的平均速度，决定了物体的温度。而让温度降低的办法，可以借助麦克斯韦小妖，一个一个地分辨原子，一个一个来。一个分子系统，把温度降低从而使系统产生关联，向着有序化的方向发展，通过来自一方或几方的简单外力是无法做到的。以这个例子而言，把箱子搬来搬去，或让箱子在外力作用下加速或减速，系统的温度都不会降低，系统也不会变得更有序化。物理上，对应于每一个组成系统的分子，可以通过跟别的温度更低的分子碰撞，把热量传导走。但当温度特别低的时候，系统里低温的原子或者分子跟任何容器或介质接触，都只能被加热。这时候物理学家设计了一个巧妙的实验，通过光和原子的能级耦合，让光把原子的能量一个一个一份一份地带走，当然，这个过程要重复很多次。这个过程也可以理解为每一个原子上面住一个麦克斯韦妖，手里拿着一把度量光子能量大小的标尺，这对应于原子的跃迁能级。当光子朝着原子跑过来的时候，小妖判断这个光子是不是能量合适，如果合适就让光子顺便带走一些原子的能量，不合适就直接把光子放走，当作什么都没发生。从信息的角度来讲，这意味着很多信息在被很多小妖分立地独自处理。熵被光子带走，从而获得了整个系统的有序。这个方法，叫作"激光冷却"，获得了 1997 年的诺贝尔物理学奖。在这样的系统里，光子通过不断地跟原子相互作用，最后原子系统冷却到一个特定的温度，量子关联在系统里所有原子间建立起来，变成为一个肉眼可以见得到的宏观量子体系，我们称之为量子相变——玻色—爱因斯坦凝聚。在原子系统里获得了玻色—爱因斯坦凝聚，获得了 2001 年的诺贝尔奖。

实验上我们用很多手段，在一个宏观的系统上建立量子体系。量子的宏观体系正不断地突破很多我们常规的认识，量子力学早已不仅仅是描述微观的系统。越来越多的实验证实，我们可以在地球上的实验室里制备和研究很大的宏观尺度上的量子行为。更宏观的量子系统，可以在宇宙里的天体找到。我们常常听说的超导就是这样的例子，我们在超导系统里观察到了量子干涉效应。电子是费米子并服从泡利不相容原理，但是把两个自旋配对电子当作一个实体考虑，在适当条件下它们就可以聚合形成玻色子，就有了玻色子的性质，这些电子对可以"凝聚"为玻色—爱因斯坦凝聚态。当大量的电子对在超导体内这样凝聚时，就可以在厘米级甚至更大的尺度上展现出量子的超导效应。电子在这样的超导体内不受阻力。电子间以晶格振动为媒介，形成非常弱的"吸引力"，从而一致行动。这种关联很容易被热运动所克服，因此也需很低的温度，一对电子之间的距离可以很大而不需要彼此有电磁力相互作用。许多这样的电子对在金属晶格内彼此重叠，电子对所对应的物质波就像激光束中的光波，通过干涉而绕行金属的晶格运动不消耗能量，形成超导! 不消耗电能没有电阻的导体。人们利用这种宏观量子的干涉效应做各种非常灵敏的器件，比如超导量子干涉器件（sQUID）已经用在医学上临床测量磁场强度的微小变化。利用典型的 sQUID，在 1 秒可检测的最小磁通变化为 10^{-32} 焦耳，这相当于在地球的引力场里把一个电子举起来一毫米所消耗的能量。超导的电子对可以不在空间域里配对，从而量子的相互作用可以是非局域化的，关联的发生不一定非要发生实际的电磁相互作用。从超导在宏观系统中的实现就可以看出，量子不仅是描述微观世界的工具，它一样在宏观系统中体现，而人类正在不断扩大这一认识。如果把它理解成为一个描述普遍复杂系统关联性质的理论和实验模拟工具，量子系统的关联本性就不再被我们习惯的认识而局限。

读者也许有过这样的经验，站在两面正对的镜子中间。在其中一面镜子里，你看到无数个自己，另外一面镜子里也一样。但事实上，因为眼睛分辨率的限制并且光每次经过镜子反射都会损失一些，所以镜子里人的影像不是无穷多个，人看到自己的影像越来越暗也越来越小直到分辨不出单个的人影。实际上，我们可以用类似的装置来囚禁光子，它也是引力波测量设备的核心部件。

法布里–罗珀共振腔是一种可以用来囚禁光子的设备。光学中，法布里—珀罗干涉仪（Fabry-Pérot interferometer）是一种由两块平行的玻璃板组成的干涉仪，其中两块玻璃板相对的内表面都具有高反射率。法布里—珀罗干涉仪也经常称作法布里—珀罗共振腔（FP 腔）。FP 腔有个特性，当腔的长度是光半波长的整数倍，光子很容易

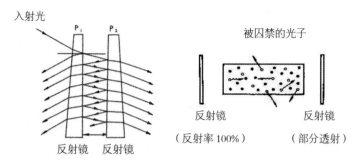

入射光

P₁ P₂

被囚禁的光子

反射镜 反射镜

反射镜
（反射率100%）

反射镜
（部分透射）

图 2-19　经典光学的法布里罗伊共振腔（左）；
量子概念的法布里罗伊共振腔（右）

进入腔里，而一旦腔长不是半波长整数倍，光子进入腔的概率迅速下降。从另一个角度理解，在光子没有进入腔之前，腔之间是真空。真空给出了光可以在腔里稳定待着的所有可能的模式。这就像有很多空的座位，光子需要跟这些座位的尺寸匹配才进得去。进去之后，光在两面镜子之间多次反射，由于镜子里面镀膜很好，反射性质非常优良，光可以被反射几百万次。这时候，光就被囚禁在 FP 腔里了。

　　假设光从激光器里射出来，FP 腔的长度正好是光半波长的整数倍。当我们减弱光强，直到某一时刻，只有一个光子囚禁在 FP 腔。这时，我们构建了一个 FP 腔——光子的量子关联系统。如果读者还记得我们讨论的延迟选择实验，我们发现又有一个"因果"的问题。当 FP 腔长是激光半波长的整数倍，它可以接纳 100% 的光子的时候，一个光子飞过来，进入光腔，但它怎么知道光腔的长度合适呢？它应该进去跑一趟才知道该不该进去的啊。由于理论上，镜子不能理想地百分之百反射光，光子总有一定的可能从镜子的一侧漏出去，而腔外面是没有边界条件的真空，可以容纳各种各样的模式，光子一旦出去再回到FP腔里来的概率就非常小。这里我们回顾一下经典意义上由熵引发了时间的原因。

宏观上，热力学第二定律即熵增加原理决定了时间的方向，所以又称熵增加理论为"时间之箭"。热的东西变冷，气体在空气中扩散，杯子掉在地上摔碎不会自己拼回来。总之，随着时间的推移，

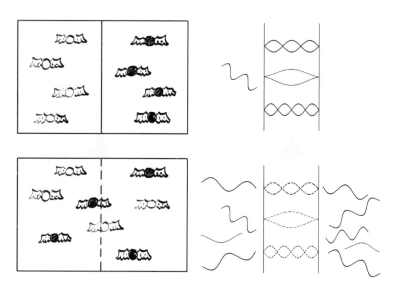

图 2-20　经典意义下熵增加的方向决定了时间方向（左）；
　　　　量子情况下的退相干决定了时间方向（右）

系统会走向更大可能性的状态。熵是描述这种倾向的物理量，最终，系统达到熵最大的状态，我们称之为"热力学平衡"。比如，一杯热咖啡最终会与它所在的房间达到同一温度。如果不进行其他干涉，逆过程是不可能发生的。房间里的咖啡永远不会自发地再次变热，因为热能已经任意地扩散到房间所有的原子上。把这些能量从房间的每个原子那里收集回来并集中到杯子里的原子上，数学上不是不可能，但物理上的可能性太低了，而至于有限的宇宙时间内不可能。

对于量子退相干的过程，光子与腔发生共振，使得腔的某一个振动模式和光子的振动模式耦合而发生量子纠缠。从而光子和腔里的真空形成一个最小的量子相干体系，当光子从腔里逃逸出去，跟真空里所有其他可能的模式都可以相干，与更大空间里的其他物质发生关联的时候，它很难再回到系统中与FP腔里面的真空发生关联。从这个意义上讲，它跟我们在熵的讨论类似，不是数学上回不去，而是物理上回去的概率太小了。因此，对应于宏观系统里的熵增加，系统因为退相干而导致的关联消失也一样决定了时间的方向。由此我们看到，已认知的世界因为退相干而变成了经典认知的一部分，但经典世界也在不断地重新演化，重新成为量子信息的载体。坍缩被测量，与经典世界相联系，但又立刻重新发生关联而继续演化，这个过程中我们一样找到了时间的痕迹。

七 量子模拟实验

现在读者可以坐在沙发里，以半躺着的舒服竖态看我打一套太极拳。这些内容你更不必懂，但从这个内容的了解中，读者可以对现代科学研究有一点认识。首先，实验是物理学的核心，物理学首先是一门实验科学，它是从人类的思想过渡到自然世界的第一道"人机"界面，通过实验来检验理论的正确与否也是我们认识世界的唯一可靠途径。那么现代物理实验是什么样子呢？

我读博士到做教授所从事的领域叫冷原子物理，1997、2001、2005 和 2012 年的诺贝尔物理学奖都颁给了相关领域。今日的物理学，如果要有新的发现，首先要学会制造仪器，为某一类构想而设计、提供新的工具。因为从业者太多了，只要市场上已有的工具，都会被用来看看这个，弄弄那个，能看的容易做的几乎都被做过了，所以一个较为靠谱的办法就是通过制造新工具、发展新技术从而发现知识的新大陆。为了把原子冷却下来，七十年代原子物理学家开始一系列漫长而艰巨的努力，直到 1995 年实验上获得的玻色—爱因斯坦凝聚成为这一领域的里程碑。而后的二十年，工具和科学发现都在同步发展。而原子物理工具的进展，也被其他领域应用，比如引力波的测量，是 2016 年初的热闹新闻，而它的核心部件，就是原子物理中发展来的精密光学技术。

要从事实验物理，心态很重要。首先，要有一颗平静的心，平和而坚定，百折不挠。实验室里任何东西都可能随时坏掉，而且这种事情每天发生。所以要练习心性，做实验是最好的方法。我曾经在被钱钟书"酸酸的"嘲弄为野鸡大学的鼻祖克莱顿（Clarendon Laboratory）地下乌漆麻黑的实验室里调钛宝石激光。几十万英镑的一台激光器，因为精密的需求，所有镜面对光洁度的要求极高，不能留下任何指纹或呼吸的水雾。十几瓦的氩气激光，你既要小心手不被烧到，又要保护自己的眼睛不被散射的光斑照到。屏息凝气，手要细致温柔，轻抚慢捻。生产这种激光的当时只有美国一家大公司的小部门，全欧洲只有一个客服工程师。他有一句名言：对待这激光，就像是红酒微光里，手指轻抚一美女，不轻不重地挑逗，重一分则戏谑，轻一分人家没感觉哎。要守得住心性，按得住气息。最重要的是有耐心，因为经常一站就是几个小时，目不转睛、屏息凝视不足一寸的小纸片上的微弱的光斑。当角度合适，激光被触发时，会突然发出耀眼的闪光，这其中的难度相当于徒手把四根缝衣针头尾相接地立起来。这练的是心性，做物理实验，一定要耐心，当然，安全更重要。

接下来是实验设计中的具体技术活。

真空

冷原子比室温低几百万倍到十亿倍，而实验不得不在室温下进行，放心，没有研究生愿意待在–270℃的实验室里。这样就要求冷原子和容器之间要有很好的隔离来防止热量的传导。热能的传递通过传导、对流、辐射三种方式。室温下环境对原子团的热辐射部分可以忽略，容器内部抽成极高的真空，来防止容器的别的室温的分子通过传导把能量带给冷原子团。这样，对容器的真空度要求就很高，高到什么程度呢？我们需要在一个几升的金属空腔里达到星际真空度（10^{-11}mBar）。星际真空度指的是太阳系和其他星系之间的真空度。地球的大气层外的真空，比这个要高几十万倍。为了达到这样的真空度，我们不得不在技术上有很多考虑。

首先，在容器壁上粘着的分子和很早以前已经渗进容器壁里的分子就是个麻烦，它们会随着时间慢慢地回到真空里来。这个自然过程可以持续几年甚至几十年。所以真空部件在安装之前要进行除气处理，这立刻会带来新的麻烦。为了让附着气体跑得快，需要给分子足够的动能来打断它们与金属微弱的附着力产生的化学势，即要对真空腔体进行加热。除气处理要先把真空腔安装好，包括真空腔、窗口、可能用到真空里的线缆、导体和机械部件，整体加热到200℃，同时用气泵把跑出来的气体分子抽出去，一直到10^{-9}mBar。这要求所有涉及真空的零件都要经得起长期的高温烘烤。真空窗口玻璃的镀膜就是一个问题，它不能经受太高的温度，200℃是极限。真空胶在这个温度下也会变质，所以窗口通常是焊在金属法兰上，但玻璃和金属的膨胀系数又是不一样的，在高温烘烤的时候很容易裂开。至今，能在大尺寸法兰上焊接玻璃窗口并且能达到10^{-9}mBar的真空度的，只有英国的一家小公司。接下来要考虑，焊接常用的焊锡和黄铜也不能经受这样温度的烘烤，所以要把金属件放到真空里，包括电子线路，都是要仔细考虑选材。可以用在这个条件下的材料有：

用作真空腔的金属：无磁不锈钢、钛合金和铝合金。

用作密封的金属：去氧黄铜、铟或者镍。

窗口材料：多数的玻璃都可以抽得到高真空，选择的时候要注意考虑到镀膜和有些晶体玻璃在高温下的隔绝效果会变差，比如氦气可以穿透并渗入石英玻璃。

绝缘：用在高真空里的导线一般要用Teflon和Dupont绝缘。

润滑：在真空里使用要运动的机械部件是个麻烦事情，大多润滑剂是可以长期挥发出气体的，目前只能用全氟润滑剂（PFPF）。

即使再仔细的准备，还是难免一些气体会留在真空里，这不仅是空气里留下的残存气体，还跟每一个部件的加工历史相关。常见的对实验有影响的有：氧气、氮气、水蒸气、氦气、氖气、甲醛、乙醚、油、氢气。为了尽可能减低这些残留气体，所有真空部件在安装之前，要进行五至七道工序的清洗，包括去离子水洗、超声波洗、乙醚洗等。指纹和汗液将来都是残留气体的来源，所以一定要戴一次性真空手套，清洗完的部件暂时不用，要用真空专用铝箔包好防尘。

真空封装：常用的胶圈封装在高真空的时候还是无法阻止气体渗入，所以通常使用全金属封装。最常用的是用纯铜垫片，在法兰刀口的压力下变形，软铜金属挤到法兰间的不锈钢缝隙里，形成永久形变。这时候拧螺丝又是个技术活。你根本不用想拧不好可以拆下来重新再拧，金属垫片形变后不能复用，所以必须一次成形，而定位螺丝压力的不均衡也会使得金属垫片形变以后也还会留出缝隙。通常采用对角为一组，每 1/12 转换对角的螺丝，直到全部拧紧，当然手感是个重要的参考。这也是很多自动化安装的问题，因为螺丝的加工公差是允许零件稍有不同的，自动化设备目前还难以复杂到精确判断每一螺纹该紧到什么地方算是稳固。这不是个容易做好的事情，法兰有时候很重，要用手托稳，拧的过程中，哪怕一点点都不能移动。

真空的光学设计：为了让光和原子相互作用，激光要通过窗口进入到真空里。窗口玻璃如果不镀膜的话，对光有百分之几的散射。当光强很大的时候，就是个很麻烦的问题，从安全角度考虑，散射的激光会非常危险，几毫瓦的激光可以致盲，大于一瓦的激光会直接在视网膜上烧个洞。而实验里，经常用到几十瓦甚至是几百瓦的激光。从实验角度，每一次散射都会造成干涉条纹，对实验结果影响很大。所以如果可能，窗口材料一定要镀增透膜。而实验上我们希望真空腔的通光部分越多越好，这样就可以设计更加复杂的实验。所以主流上有两种窗口结构，一种是玻璃腔，它只能在外面镀膜来增透，一种是玻璃焊在法兰窗口上的双面镀膜。玻璃腔内壁镀膜是个工艺水平要求极高的工作，只有斯坦福一家公司有专利技术。不镀膜的话，只能适用于激光功率比较小的场合，而对于大功率，法兰窗口是主流的选择。

然后是真空泵。不管封口怎样严密，高真空本身不能永远自己维持。在实验要求的星际真空度下，环境里总会有一些气体渗漏进来，空气也还是能从真空腔的金属墙壁上逐渐渗进腔内，真空里的元件材质还是会在长达几年几十年的时间里持续放气，所以我们必须用真空泵来维持动态平衡。在烘烤之后，一般开始会用分子泵，让气压到了 10^{-9}mBar，再往上升就要开启钛升华泵。钛升华泵通过加热钛金属丝，使空气里的分子跟钛金属发生反应而被粘在泵上，

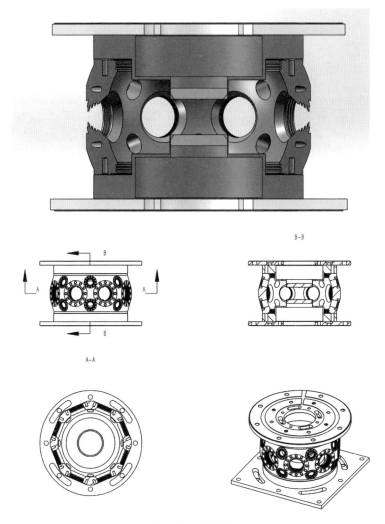

图 2-21　真空腔

图 2–22 组装后的真空

这样真空度可以达到 10^{-11}mBar。要是还需要更好的真空，可以使用离子泵，它通过释放金属离子电离空气中残余的分子，这些被电离的分子会被静电高压吸引到电极上。经过这样的流程处理，降回室温后真空度可以维持在 10^{-11}mBar 上。对于一般的超冷原子实验，在收集原子的部分我们希望原子的浓度高一点，这样收集得快。对做实验的部分，我们希望真空度高一些，可以让冷原子维持的时间更久。于是在整体真空设计上，通常是两个不同真空度的真空腔通过一个细管子相连，而管两边都有真空泵维持差不多 100 倍的气压差，一端用来快速收集实验用的原子，一端用来做实验维持很长的量子气体寿命。

磁光阱

冷原子比室温低百万倍，意味着我们不能用任何接触的方式来让这些冷原子抵抗重力，实验上需要一种特殊的装置，比如磁场，来帮助原子平衡重力。原子本身是中性不带电的，电子围绕原子核运动形成微小的电流导致了原子具有一定的磁性，像小磁针一样。利用这点磁性，我们可以把磁场做得很大，来平衡原子的重力，我们把它叫作磁阱。能对单个原子平衡重力，对一大团原子也可以平衡重力。其实，核聚变里用的托克马克环，也是用来约束真空里的粒子的，只不过那是一亿度的高温离子。这样设计的磁场，也一样可以平衡一只青蛙的体重。做一个磁场，丢一只青蛙进去来看它悬浮，安德烈·海姆（Andre Geim）因此获得了 2000 年的搞笑诺贝尔奖（Ig Nobel），他还因发现了石墨烯而获得 2010 年的诺贝尔奖。

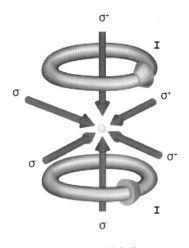

图 2–23　磁光阱

磁性本来就很小，所以当原子速度很快的时候，磁阱就显得太弱了，原子高速飞过去的时候，根本感受不到磁阱的存在，自然也不会被磁场抓到。因此我们要有办法先把原子的速度降下来，于是就有了激光冷却，1997 年的物理学诺贝尔奖颁给了这项技术的发现者。

第一步是用光和磁场对原子的降温、抓取和囚禁，我们把这个装置叫作磁光阱，它由一组或两组线圈和六束激光组成，这六束激光的频率要吻合原子的跃迁线，并且功率和自旋都在各个方向上匹配。通常我们还要考虑屏蔽掉地磁，别看地磁不太大，但对于超低温的原子来说，它的影响就非常明显。所以在磁线圈的外层，我们还要设计三组地磁线圈来屏蔽地磁在各个方向上的影响。在芝加哥的一套装置上，我们发现楼里电梯的上下产生的电流也会对磁场有影响，而在北大的实验里，我们看到冷原子会受 100 米外地铁经过时的电流产生磁场的影响。为了屏蔽这些背景磁场的影响，我们要在地磁线圈上做外界磁场的测量和反馈。

光也可以产生压力。利用激光的压力我们也可以制造光阱。激光并不是一个完全平直的光，如果看它的截面，中心的光强最强而周围的光强会减弱，减弱的规律是高斯型的。而顺着激光传播的方向，激光也不是均匀粗细，会由一个最细的地方慢慢发散开，这个最细的地方叫光腰。通过透镜组合，光腰的粗细和位置是可以调节的。在光腰最小而光强最大的地方，会对原子有微小的束缚力。对温度非常低的原子团而言，这个束缚力足够它们克服重力，因此，我们也可以用很强的激光来做光阱。事实上，我见的第一个用来做光阱的激光有200W，这是可以烧穿钢板的能量强度。为了防止散射，光路里所有的镜子都是用背面有水管冷却的金的镜子。

为了让阱够深以捕捉更多的原子，磁场的电流可以做到很大，但这时候组成磁场的线圈的绝缘性会因为大电流通过产生的热量而逐渐变差，为了解决这个问题，我们对线圈必须制冷。通常会采用水循环冷却，一个方案是使用中空的铜管，里面走冷却水，管壁上走大电流，也有合适的设计让整个磁场线圈都浸泡在冷却水里。需要注意的是，水必须很好地做去离子处理来保证导电率很低，否则即使很低的电压都会引起铜导线的电离。我见到过流经大电流控制箱的冷却水几分钟之内变成漂亮的绿色，几个月的工作报废了。如果水不够纯净，升温之后产生的水垢会堵住本来就很细的铜管。一旦磁场坏了，换一套非常麻烦，这意味着真空周围的光路要重新搭建，很轻易几个月的时间就因此浪费掉了。在这样一套水冷的电磁场下，电流可以轻松升到500安培，或者每平方毫米25安培，而对电流稳定性的控制，通常要达到万分之一的稳定度。

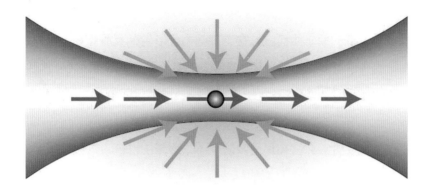

图 2-24　高斯型的激光光腰对原子具有束缚力

　　这个电流不小，但在实验中经常要求磁场在几十微秒的时间里开关。大的电流变化会产生强大的感生电流，这个电流也不能长时间地存在线圈里或者金属的真空腔壁上。因此控制电路设计就非常有挑战性，一方面大电流的开关会用到场效应管MOSFET或者IGBT。这时候铝材做真空腔和光学平台就不是个好的选择，它们会产生很长时间的感生电流，而用来封真空的铜垫圈也会有感生电流产生，时间尺度都可以长达几百微秒。实在没法去除的话，一定要考虑做实验的时候怎样通过调节实验步骤，最大程度上避免感生电流导致的磁场影响。

　　还有一个麻烦事要考虑，因为磁场开关产生的磁力其实很大，而时间又很短，会对整个光学平台产生震动，而且震动力量可以非常大。虽然光学平台一般有几吨重，但磁场的开关会像用锤子重重地敲平台一样，即使磁场线圈非常稳定地固定在光学平台上，实验用的半导体激光因为开关电流引起的震动导致的频率突变也是经常发生的事情，而这种常常导致要花半天时间把激光重新稳定到实验用的频率上。

有些实验里，因为我们把原子冷却到了十亿分之一度，室温的热辐射也会有所作用。它会让原子团每秒钟升几十 nK（十亿分之一度）。为了让这些原子可以保持时间足够长，我们也会把整个真空冷却到很低的温度，比如在真空腔周围使用液氦，把真空周围的温度降到 1K，这样会使室温的热辐射效果降低上亿倍而可以忽略不计。同样，为了获得更大的磁场，超导线圈也是一个备选方案，它可以使磁场上升到 10 特斯拉，并且由于超导的使用，液氦可以顺便避免室温的热辐射。

好吧，我们刚刚讲完真空周围的东西，实际做的事情要复杂得多。因为市场上没有现成的东西，往往需要研究生自己动手设计、绕线圈、调电路，经验不足的话，通常每一步都要反复做好几次，即使有经验，这套东西都准备好大概需要半年到一年的时间。

激光

我在伯克利做博士后的时候，经常在楼里碰到一位老人，一米九的身高，笔挺的黑色西装，手里拎着一个黑色的公文包，每天

图 2–25 搭建好的典型的激光光学平台

上午九、十点间从打打闹闹喧嚣着的本科生身边飘过，很少有人注意到。这就是查尔斯·汤斯（Charles Townes），因发明了激光获得1964 年的诺贝尔奖。

从汤斯发明的最早的激光开始，激光的种类已经有很多了，气体激光、钛宝石激光、固体激光、染料激光、光纤激光和半导体激光等。以半导体激光为例，对原子物理而言，对功率和激光的线宽要求比较高。早年的半导体激光价格比较高，随着计算机光驱的普及，红外半导体激光管的价格下降很快。半导体激光管自然线宽要几百兆赫兹，而实验上需要吻合原子的自然跃迁线宽，通常要到几兆赫兹，才能保证光能有效地被原子吸收。所以保持激光的频率稳定是核心的技术之一。这涉及几方面的具体工作，首先，激光介质的工作腔长度要稳定，工作腔长度是激光半波长的整数倍，如果稍有变化，激光的波长也会随之改变，我们需要有一个稳定的激光腔结构，要做到机械稳定，防止震动；需要稳定的温度，因为温度会改变二极管导带和禁带间的宽度，从而改变光的跃迁能量，结果会影响激光的波长，所以温度要极其稳定。其次，电流也是改变半导体导电与非导电区域宽度的原因。好在电流的改变速度和测量精度比温度要好，我们通常利用电流来做更快速度的反馈，这会用到下面要提到的PID（正比—积分—微分）反馈控制技术。这些东西都能做得非常好的话，我们可以把激光的自然线宽稳定千分之一，这对应于激光频率要稳定在亿分之一的精度上。如果要求更高，我们还可以不以原子的跃迁线为参照，找一个更稳定的参照物，比如说一个线宽很窄的FB腔，这样可以把激光的线宽进一步缩减，而引力波的测量里，这个技术是核心技术之一，它把长达四公里的FB腔稳定到了质子大小的千分之一。

噪声

我们转向一个更具体但十分重要的分支，看一些更加具体但物理实验里处处都在的问题：噪声。

对物理实验而言，不管测量还是控制，噪声一直是一个核心问题。分析确定噪声的来源会让我们有办法方向把这些噪声去掉，但很多时候，我们想要的数据，也隐藏在这些噪声里。

一个常用的办法就是先测量出噪声的频率谱。噪声可以表达为多种不同频率信号的组合，通过傅里叶分析，可以区别出来一些信号的来源。比如信号里出现了 50 赫兹的噪声，往往是信号线跟市电电源的隔离做得不好而引入的市电噪声。

白噪声：电信号里的白噪声是指与频率无关的杂乱信号，它通常是热效应或者量子的随机涨落引起。对付这种噪声的办法是降低电路温度，通过更好的设计实验来提高系统的稳定度。普通电阻常常会展现出白噪声，温度升高噪声会更明显，温度降低，噪声的幅值也降低。

粉噪声：是指与频率成反比的噪声，频率增加，噪声降低。它通常是由电子线路的电容或电感引起。当然很多系统里它的起因也很复杂，事实上，大多数的探测器都有自己对信号的响应曲线。比如人的眼睛是一个典型的探测器，它对光频的红色到紫色敏感，而绿色是几乎中间的位置，所以敏感程度最强。这也是为什么消防员要穿黄绿色的外衣的原因。对电子的探测器而言，响应曲线也常常因频率的增加而减弱，与粉噪声趋势类似。

实验上，几乎每一个探测器、控制器、数字电路和模拟电路的转换接口都需要对应的电子线路对它们进行控制和信号采集。在设计这些模拟电路的时候，频谱分析仪是一个很有用的工具。它可以使我们在线路设计上让噪声避开测量信号出现的区域，或者对这些区域进行有目的的放大，这就要我们对电子回路的滤波整流有清楚的了解，对各种高通、低通、选通的滤波器设计了如指掌，能根据不同的反馈需求来设计电路。对信号和噪声频谱的清晰了解，会让我们迅速锁定噪声或者信号不稳定性的来源。常见的情况是这样的：

直流和低频信号：系统漂移。

这个频域的信号和噪声产生往往是因为环境改变，比如温度、湿度和气压。对激光来说这一般是个大麻烦，所以实验室一般要求恒温、恒湿和恒压。温度的变化也会改变光路的准直，使得光纤耦合效率下降，而温度和湿度变化可以影响电路里的电容和电阻的具体值。记住，我们常常要求电路的稳定度要好于万分之一，甚至更高，这些变化就不能忽略不计了。而空调开关也会导致温度的骤升骤降，早年，我们不得不自己设计变频空调，而且保证空气是被抽走、气流向上，不是向下把灰尘吹到光学平台上而影响光学器件。

几赫兹或者几十赫兹的低频振动，有可能是建筑物在风中摇摆。所以我们通常不把实验室建到二层楼以上，地下室最好。我一位朋友在清华的实验室里，会因每天十几次，每次十分钟的几赫兹到几十赫兹的凌乱噪声给实验带来的麻烦苦不堪言，后来发现是实验室几百米外的小学课间自由活动的脚步影响了激光光谱的稳定！

几百赫兹到几百千赫的噪声，通常是机械振动引起的。比如真空泵的运转，光学快门的开关，甚至实验室里说话的声音。为了减少这个频率的噪声，在实验设计的时候就要仔细考虑隔振。通常会用重达几吨的光学平台放到隔震台上，隔震台是一个放在沙坑里几十吨重的水泥墩，用来避免走路、实验室外车辆经过震动光学器件。在会引起震动的机械件周围做减震，或者非常牢固地与光学平台固定在一起，比如真空磁场线圈，或者用橡胶垫非常好地做缓冲，但这又会影响到器件的稳固。而光学快门这些东西，往往从屋顶吊下来到光路上，从基座上跟光学平台隔开。

再高一点的频率的噪声来源通常是实验室里各种电路的电磁辐射，这些辐射可以被探测器的放大电路接收到而跑到测量数据里来。电脑的电源线，尤其是质量不太好的电源线会产生 100 千赫的噪声，而计算机的数字信号向模拟信号转化，也会在线路里造成高频的噪声。这时候控制线路信号的光隔离就是一个重要的手段。

光信号的测量

人的眼睛是一个极好的光信号的探测器，有人说人眼睛可以在漆黑的夜里看到 7 公里以外点亮的烟头，这相当于每秒几十个光子落到人眼里。实验上做到同样的水平很不容易，我们要把一个光信号转化为电信号才能被我们的实验仪器记录下来。除了我们前面提到的各种噪声之外，当光变得非常弱，还会产生相当比例的散粒噪声，这个噪声自然地随机出现在信号里，没有有效的办法把它们简单去除。这时候利用光通过不同光路的相位差，而不是直接测量光的强度来分析信号是一个不错的选择。对这么弱的信号，在设计光信号的放大器增益的设计就尤为关键。因为你也许放大的不是想要的信号而是噪声，增益过大的时候，放大器本身也会产生相当可观的噪声。

把这些光信号探测器排列成方阵，就得到了CCD（电荷耦合元件）。每一个光信号的探测器就是一个CCD的像素。现在的技术可以把这些像素做到极小，以至于每一个像素都只有几个微米，而整个感光单元有几百万个像素。我们用CCD为原子拍照来研究原子的运动，从而推断出它的量子行为。首先，原子即使在宏观量子态玻色—爱因斯坦凝聚的情况下，尺寸也通常只有几个微米，相当于CCD的一个像素大小。CCD本身是光敏感单元，是不能让强激光直接照射的，但原子本身不会发出光来，需要有和它能级共振的光照射而散射光跑到探测器里形成影像。这样，我们一般要求在测量前，先让原子自由扩散到足够大的可成像的尺度，用共振激光照明，在CCD上显影。原子飞走之后，再拍一张只有激光照明的背景照片，两张相减得出原子云的照片，有时候实验需要我们在毫秒的时间尺度上多拍几张照片，这时候时序控制就成了关键因素，因为CCD的读取速度是一个重要的制约因素。几百万像素的数据在几毫秒之内传给计算机是非常非常困难的，需要特殊的带宽，或者有办法让CCD局部成像。我们可以让CCD的奇数行拍一张照片，再用偶数行拍照形成另外一张照片，这样可以把前后两张照片的时间间隔降到毫秒级。摄像设备端口的协议、触发，CCD的曝光时间，都要有精密的控制，原子是不会等着摆拍的。有时候成像要求光学镜头的分辨率达到几百个纳米，这时候在成像系统的光学要求就很高，这包括光学镜片的打磨、镀膜，以及镜片焦距的组合，德国的奥林巴斯（Olympus）是很少几个能生产冷原子所要的高需求光学镜头的公司，而一组好的光学镜头会价值几百万人民币。

反馈控制

反馈控制是实验物理学、数学和电子工程学的重要内容。掌握了反馈控制方法，我们可以把对系统的控制精度提高到对系统参数测量精度。而对设备控制精度的提高，又促进了测量精度的提高。反馈控制的构造如下图：

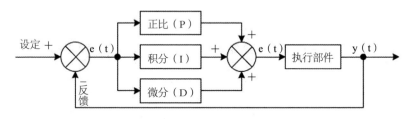

图 2-26　PID反馈回路

任何一个工作设备受环境影响输出都会发生变化，而输出本身也会有噪声。通过建立适当的负反馈机制，这些输出值的漂移、系统噪声都可以大幅度降低。除此之外，反馈控制的一个重要作用在于对控制信号的放大，通过降低反馈增益，输出信号可以很好地与控制信号保持严格而稳定的线性关系。由于反馈回路通常是通过电子线路来实现，电子线路一般会有共振频率，或者说某一频率范围之内，它不是负反馈而实际上变成正反馈，这时候增益很大的话反而会导致系统的不稳定。因此，即使我们会大量使用各种负反馈技术来提高系统的稳定性，工作系统本身的稳定性应该尽量先做到最好。

　　通过反馈控制可以压制不同频率的噪声，从而使系统稳定。这样就要对噪声的频谱进行测量。把测量结果输入控制端，控制端再给出不同频率的增益，因为相位相反，达到抑制的效果。这时输出的信号函数，对应于系统噪声谱，给出以频率为变量而系统对每一频率的抑制响应，称之为转化函数。它通常由三部分功能组成，正比（P）、积分（I）、微分（D），分别抑制低频分量、漂移分量和高频分量。通常信号从发出到经过系统到达探测器，从输入到控制端，不同频率的型号相位变化是不一样的，反馈回路的设计要保证反馈是在相位相反的范围内进行，在相位相同的范围就会变为增强了噪声。这样，反馈回路是有一个工作有效区间，称作反馈带宽。

而通常控制电路的，超过 10MHz 的高频电子线路的设计要考虑到布线。平行的或垂直的导线之间会通过空间电磁波传递能量，改变增益大小，设计起来要格外小心。而对 PID 回路的优化，我们采用 Ziegle-Nichols（辛格勒—尼科尔斯）法。这是个纯经验的方法，但很实用。首先开启正比反馈，建立一个低增益的锁相。逐渐调节增益大小，直到看到有稳定的振动发生，必要的时候需要给一点积分信号防止漂移发生。设定这时的增益为 k_0，振动周期是 T_0，那么需要设定的 PID 参数是：正比增益 $0.6k_0$，积分增益周期 $0.5T_0$，微分增益周期 $0.125T_0$。而最终的参数设定需要在频谱分析仪的帮助下，以这些参数为起点，反复优化。

控制系统

计算机端，Labview 是一个经常使用的流程控制软件，结合美国国家设备公司（National Instrument）的硬件一起使用，可以对每一步骤毫秒级的实验流程实施控制。对于更高频次的时序控制，需要有高频信号发生器作为辅助而由流程序列发出触发信号。一个冷原子实验流程通常要在几秒钟之内调用几万个机械、光学、电子、成像等部件的协同工作，控制程序的编程需要极大的总体设计能力和耐心，bug 是经常出现的事情。而最终使用的控制流程程序，需要几年去完善。作为最早从事这个方向研究的麻省理工学院（MIT）的沃尔夫刚·凯塔勒（Wolfgang Ketteler，2001 年诺奖

230 of Quantum Dialogue

得主）实验室的学生，也开发出了一个针对量子调控实验控制流程语言wordgenerator，在MIT系的研究人员里广泛使用。电路设计里PSpice等很多模拟软件也需要用到。对真空设计和机械件设计，Solidworks在这些年越来越普遍，功能也不断强大起来，早年我们是老老实实画工程图的。接下来，车钳铣刨也是实验物理的基础，我们这行的研究生第一年是要进行这方面的动手训练的，以至于成为一个常用的技能。伯克利物理系有一个三十多台机床的金工车间，专供研究人员自己用手加工实验仪器，我做博士后的时候是那里的常客。而为了把原子控制在芯片表面，我们也去材料系的纳米实验室学习和使用芯片刻蚀技术。

作为物理学工作者，数学基础是不可以缺少的。量子力学尤甚，入门的是微积分和线性代数，深一点的有群论和实变函数，要想碰相对论相关的，微分几何学是不可少的。物理学本身，从本科开始的理论力学、热统计物理学、电动力学和量子力学四大力学入门。我后来做了原子、分子和光学物理，高等量子力学里的量子场论和量子统计是这一门的核心基础课。有兴趣的还可以学习一下量子计算和量子信息。为了实验实现量子调控的目的，对原子的操控到达宏观量子层面，物理系的研究生，光（学）机（械）电（子）软（件）硬（件）通（信）这几项工程技术上都要亲自动手掌握并设计加工的。

数据分析是一个特殊的能力，一直是我引以自豪的本事，我可以在大量的数据里发现潜伏着的规律，这个不光是直觉训练，而是常年反复地看数据所训练出来的一种技能，"人脑的大数据处理器"。这也就是很多物理出身的人转战华尔街的原因，对数字有特殊的敏感。

八　经典之外的量子力学

　　20 世纪物理学界有几个重要的发展，其中之一是量子力学，另一个是混沌力学。混沌力学在很大程度上是很早被经典物理和数学发现但刻意忽略掉的一套理论。它不干净，它告诉你有些东西天生是不确定的，它说小概率事情可以有大影响。这些是牛顿力学和经典物理不愿意多谈的，虽然经典力学在解决多体问题中早就看到了混沌的存在，但这个方向真正登堂入室是在 20 世纪 60 年代之后。尤其是计算机技术发展之后，人们的数值计算能力大大加强，让人有了种信心，可以用模型为基础，模拟任何现实的事件。但 60 年代对天气的模拟中，人们发现即使在确定模型的基础上，也能产生非线性的不确定的结果而不能做准确预言。比如说长期的天气预报是不可能做到的，由于非线性的发展会得到蝴蝶效应。南美洲的蝴蝶扇了翅膀，也许会引起北美洲的一次风暴，这个关于蝴蝶效应的说法是记者的误传，最早因为计算结果画成图太像蝴蝶了。而这一切不确定性都是动力学内秉的性质，跟测量精度没太大关系。由此物理学很快发展出来非线性的混沌理论，延伸至分形数学，耗散系统和自组织行为。

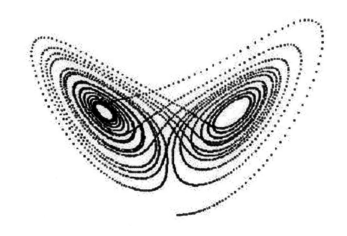

图 2–27　混沌力学里蝴蝶状的洛伦兹吸引子

量子力学的影响更为深远，常说的测不准原理、纠缠态、非局域化和相干态，都跟经典物理格格不入。但也许这才是我们生活的真实世界，只是我们理解起来需要些功夫，或者不只是一些功夫，而是以后几代人的努力。

牛顿力学为基础建立起来的经典物理思维优美、确定、可预言、可统一，这个信念对人习惯的认知过程影响十分深刻。以至于量子力学的基本理论建立几十年之后，爱因斯坦本人对它的完备性还持有深刻的怀疑。爱因斯坦坚信上帝是不会掷色子的，对于一个随机系统，我们总能够不断地深入了解来降低它的不确定性。色子落地时哪个面朝上绝不是一个不可预测的随机过程。如果我们知道色子的材质，扔色子时力度和方向、落地之前的风速和桌子材质等所有具体的情况，色子哪个面朝上是可以精确计算而预言的。从这个角度来说，我们可以找到足够多的参数来建立完善的模型，预言结果而减少系统的随机性。只要我们愿意，我们总能更多地了解细节，而最大程度地减少不确定的程度。客观唯物的观点和它的成功给我们这样深刻的信心，我们如今常说的大数据就是这样的方案之一。然而从冯·诺伊曼（John Von Neumann）在理论上的证明到物理实验近些年的发展都证明量子的随机是绝对的随机，不存在更深层次理论来解释量子的随机性。这告诉我们两件事，其一我们没有办法掌握所有的信息，自然系统不允许人类描述和掌握它所有的信息。量子力学这样内秉的天生随机性是爱因斯坦极不喜欢的，它事实上否定了客观实在的基本要求。其二，混沌力学告诉我们，即使能写出一些公式来描绘色子落地的过程，但由于非线性动力学演化，结果也是不确定的。然而混沌和量子力学的对应关系又是个复杂的问题，为什么线性的量子系统会累加成为非线性系统呢？哪里是界限呢？或者量子力学的纠缠与混沌的复杂性有着天然的对应关系？我们至今还没有十分清晰地了解其中的奥妙。这也是量子力学的几个基本问题之一。

我们仅看这两个理论对经典物理体系的撼动。牛顿力学体系基于伽里略惯性系对速度和位置的描述，即位置的导数得出速度。量子力学里位置和速度是一对共轭的参数，两者无法同时精确测量。测量位置精确了速度就不精确，反之亦然。而这个不确定性，无论位置还是速度的微小不同，在混沌力学的非线性作用下有可能演化为完全不同的结果。牛顿力学认为小概率的事件对体系的影响也是微不足道的，但事实上并不如此，混沌力学说明了小概率大影响。这个道理很简单，从人出生，便是三亿分之一的概率与别的不同，而这些许的不同会影响很多人的生活，甚至是历史的进程。如诗所讲，钉子缺，蹄铁卸；蹄铁卸，战马蹶；战马蹶，骑士绝；骑士绝，战事折；战事折，国家灭。当然这不是一个好的例子。但它说明了小概率大影响的过程。

牛顿之后建立的经典科学观里，世界是客观实在的世界。客观是什么呢？我们认为存在第三方的观察者，事物的运作不会因为观察者的观察而改变。而实在呢？这人挺实在，实在就是做事靠谱，实实在在，不深不可测，不故弄玄虚，不让人摸不准，不油腔滑调，不见人说人话、见鬼说鬼话。在经典的科学语言里"实在与不实在"有三个不同方面的定义：一，是否与观测方法相关，物体的性质不应该因为观测方法的不同而改变；二，是否真的随机。经典的实在要求下随机只是信息缺失，有足够的信息，随机会减少并消失的。三，是否定域，我们看到的物质世界本身看得见摸得着的。随着爱因斯坦狭义相对论发展之后，对实在的定域性有更明确的意义，宇宙里的相互作用必须受到光速的限制，因果关系必须限制在光锥里面，不会超越光速。

经典物理学逐渐为人们铸就了这样的信心，并且也形成了习惯的研究方法，对于我们缺乏了解的系统，我们可以用概率来表示它的一些特性。一家中学的高考升学率，我们不知道哪些孩子会最终考上大学，但我们总可以根据以往的经验来给出大概的估计。我们确信这种不确定是暂时的，随着时间推移，不确定就可以变成确定的。等到高考放榜，我们可以精确地知道哪些孩子上哪间学校，概率还存在，但是变成了一个确定的比例。对于这个比例，我们掌握了所有需要知道的信息。

对于经典物理的实在性，以硬币为例，原则上任何一次测量结果都取决于一些可以测量的变量，包括将硬币抛到空中时硬币所受的力和力矩、旋转的硬币与气流的相互作用、硬币落地时的撞击角度和力量等等，而如果我们有足够先进的工具使得这些变量是可以控制的，那对于硬币到底哪一面落地就不是随机的。例如用一只计算机操控的机械手抛掷硬币并且测量是在真空中进行，或者我们如果精确知道这些变量的取值，原理上我们可以利用这些信息来计算硬币的精确轨道。因此通过严格控制条件或者获取足够详细的信息，每一次特定测量的结果可以一直追溯到事件发生的初始条件，并由此做出确定的预言。得出硬币落地时是正面朝上还是反面朝上的准确预测。在缺乏控制和变量知识的情形下，我们将对系统未来的行为做出预测就会借助于概率来表达。但经典理论不允许这是一个完全随机的过程，不可被理解和预测。在经典认知范畴里，预测不是能不能的问题，而只是一个我们愿不愿意的问题，是迟早可以解决的问题。

经典物理给我们的信心在于：人类具有认知这些东西的能力，这些内容不管我们是不是要去认知，都应该存在，并且确定。我们可以选择认识的精度，或者认识的时间，或者认识的方法。量子力学的要求却不一样，电子在什么地方出现是由电子的概率分布云给出来，但某一次观测的电子在什么地方出现是真实的随机。爱因斯坦不是认为量子力学是错的，但他相信这不是最终的实在，应该有一套更基础的理论来算出来这种概率，上帝怎么可能掷色子呢？这套更基础的理论，叫作隐函数理论，一套用来解释量子力学的理论，量子力学与经典的不太和谐应该可以通过这套理论来完善。然而，冯·诺伊曼，他的时间还没有被计算机的工作占据那么多的时候，在1926年所写的《量子力学的数学基础》里证明了隐函数理论是不存在的！量子随机是绝对的随机，不存在一个基础的理论使这种随机变成确定的，这太不实在了！怎么上帝真的是靠丢色子来决定事情的呢？这件事的恶作剧味道一点也不比哥德尔的少！然而爱因斯坦并不信服，毕竟没有实验支撑，只是一种说法。

爱因斯坦的狭义相对论给了"实在"另外一个定义。物体间的相互作用必须是实实在在的，作用必须是近距的而不是超距的，作用必须要通过介质来传递，而在介质中的传播速度不能大于光速。宇宙间任何相互作用，都必须要被光速来限制。比方说读者读这本书的时候，太阳因为某种原因突然消失了，在地球上的我们一定是八分钟以后才受到影响，因为从太阳到地球上光要跑八分钟。不要以为这提前的八分钟可以给人任何逃走的机会，我们根本无从知道太阳发生了什么，因为狭义相对论也不允许信息的传递超过光速。但在量子力学中我们发现了一种新的机制，通过量子通道，纠缠的量子可以非局域的相互作用，量子信息的传播速度可以超光速。量子关联的影响不受光速限制，这让爱因斯坦非常的不满。事实上意识到了这一点，爱因斯坦颇为得意，他认为量子力学的"阿喀琉斯的脚后跟"，终于被他找到。这就是我们前面讲到的EPR佯谬。后来的日子里，EPR佯谬被贝尔找了更好的一个表达式来阐述，即贝尔不等式。如果贝尔不等式成立，那么就会有隐函数理论解释量子力学，找到这个理论只是时间的问题。如果贝尔不等式不成立，那么不仅隐函数理论不存在，而且纠缠的量子真的可以离开很远以后都能互相感知，而不受狭义相对论的限制。而80年代初的阿斯派克特的实验，在实验上证实贝尔不等式不成立，即，爱因斯坦错了。我们不仅证明了这种超光速的信息传递，注意，这个传递只限于量子信息，而且也还用这个实验证实的量子纠缠来做量子通信。这样"实在"的第二道防线似乎也被攻破了。

在最通常的对"概率"的解释中，量子理论中的概率并不赋予粒子的测量某次结果以任何实际的意义，而仅适用于在同等制备的很多一样状态的粒子上重复测量结果。要是我们一定要在个别粒子的水平上考虑问题，要在测量之前假定粒子具有我们要测量的某种性质，这样做一般说来是错误的。在观察之前我们不能确定任何事情，这陈述了一个远为复杂的事实：假定量子粒子具有先于测量的性质将导致与实际测量相抵触的预测。在经典物理学中，我们对于一个物理量的认识不意味着在测量前它是不确定的，然而量子力学却证明这个观点有问题。以经典的方法来看，我们假定书桌的长度是一个确定的量；虽然承认在测量前我们对此量没有精确的知识，但我们并不认为观察书桌这一行为会使它的长度从一个不确定的量变为一个确定的量。美国物理学家惠勒曾提出一个有趣的垒球比喻。三位资深垒球裁判正在讨论他们裁判水平高下。第一位裁判宣称："我按我所看到的裁判。"第二位宣称："我按他们的实际情形裁判。"

第三位显然学过量子理论，事件的描述应该是主观的过程，他说："在我判他们之前他们什么都不是。"海森堡强调说"原子展现在观察者面前的某种特性是因为测量器件是由观察者构造的。我们必须记着，我们观察的并不是自然本身，而是暴露于我们观察方法下的那个自然"。事物的存在形式和内涵，居然是由我们的观察而确定的。"实在"的最后一道防线也值得怀疑了。

量子概率并不反映我们对于某种"物理实在"复杂细节的了解，而测量本身是产生测量结果的原因。冯·诺伊曼相信唯一合理的物理学语言是量子物理学自己的语言，而且我们可以用我们喜欢的任何方式来定义测量器件。如果必要，也包括人类观察者，但不必着急，对量子力学的这些内容，即使一点都不理解也不会影响应用量子力学原理。我们有下面的逻辑结果：测量算符把测量器件描述为一个量子力学系统，我们不能直接获得一个量子系统的可观测量：我们只能根据与测量器件的相互作用得到系统的某一可观测量的值，并用量子系统的本征值来解释所得结果。如果是这样，波函数坍缩代表的就不只是我们关于系统知识状态的变化。事实上它要求我们在测量过程的概念上相对于经典力学做一个根本的改变。

以爱因斯坦为首的那些在 20 世纪 30 年代对量子理论的这些诠释感到不安的物理学家面临两种选择：他们要么完全抛弃量子理论重新开始，要么试着来扩展这个理论以便重新回到严格的因果性、定域实在等人们已经习惯为真理的东西上面。普遍的看法是量子理论太好了，不能说扔就扔，丢进科学思想史的废纸篓里去，历史上不乏这样的例子。这个理论在阐释微观世界量子实体已有的实验证据上颇为成功，其预测也被证明为一贯正确，但它所得出的观点又不能被我们习惯的真理一般的因果性、实在性兼容，看来恐怕需要做的是改变我们已有的认知习惯。

坚持实在论的科学家相信，有一个独立的实在存在，它可以受观察和实验的探测，但它按照自己的应有规律进行，不会在意是否被看到。反实在论者会承认存在着可受观察和实验探测的经验实在的元素，但是指出实在论观点包含着逻辑上的矛盾。因为我们显然不能观察一个独立于观察者的实在，因此也无法证实这种实在存在。反实在论者进一步质疑了实在论者使用的真理概念及其对于独立实在的研究行为。那么，思考量子实体到底有什么意义吗？我们该不该习惯于"实在"这个经典的概念在量子理论成立时已经走到了路的尽头？我们该不该否认，有一条通过形而上甚至是唯心的前进之路能够将以抽象数学结构，为起点的概念描述能引向实在的物质？如果，不管看起来如何，我们对物理学的认识即使借助了量子力学也都根本没有达到极限呢？我们是否有足够的智慧提出正确的问题，因为问题本身也是受着组成这些问题的复杂体系所限制呢？不管我们个人对这些问题怎样想，我们应当承认，不继续尝试而了解得更清楚，是违反人类本性的。

我们习惯上认为量子力学是适用于微观世界的理论，宏观世界的规律跟微观世界不一样。如果从关联的角度看量子力学，宏观世界的问题实际上也存在复杂的关联，那么这些事情是否导致我们看事物的角度不一样了呢？世界不一定是客观，也不一定是实在的，以这个新角度会给我们一个更为深刻的问题在于：我们以前所习惯认知的世界是客观唯物的世界，那么以此为认知基础来认识世界还是不是正确的？

量子力学提供给我们思维模式似乎告诉我们关联本身可能是一个更深刻的本质，但是它可能依然不是最基础的，我们将来也许会有更深入的认识。我们在认识今日今时的事物的过程中得出相对正确的结论，给了我们继续认知的台阶。依着这台阶，我们才可能更深入地去了解它的进一步内涵，这似乎没有一定的尽头。对物理学而言，我们最近一二十年才发现我们习惯的世界观和我们的方法论都出现了问题，这问题可能没像我们想象的那么大，但或者比我们想象的更大，是至少突然觉得我们被剥夺了研究问题的哪怕最基本的工具。辛辛苦苦三百年，一下又回到了石器时代。但是这确实可能是一件好事。以经典科学的方法去描述我们面对的实际问题，至少很多不能做出完美的预言，根据模型计算出来的结果总跟真实世界有差距。量子力学提供了一个新的可能，把量子力学所描述的关联体系纳入我们的认知经验，理论和实际差距也许就不会那么大。建立关于复杂系统的模型、经济模型、了解大脑、了解人，以至于了解社会的复杂性的时候，经典方式所欠缺准确和精致，也许量子的关联是新出路，我们确实不了解。在这本书里我还是不希望在这里有太多的延伸，以避免读者会被误导认为量子力学能解决所有问题。想法是在整个科学研究中最缺乏价值的，真正有价值的工作在于怎样设计实验一步一步地验证排除不靠谱的想法。我经常说"我笨我死嗑"，科学是一个慢慢来的事情，日拱一卒，一点点地往前走，是去夯实我们已经知道的世界范围，而逐步拓展新认知的过程。

希尔伯特在 20 世纪初陈列的核心数学问题之一是物理学公理的数学处理，他希望能够以几何学为样板来处理物理科学。他说："如果以几何学作为物理学的典范，我们应当首先尝试用少数几条公理涵盖尽可能多的一类物理现象，对可能用到的公理系统导出的结论有一个全面的俯瞰。"对物理学家而言，应该感谢哥德尔摧毁了希尔伯特的宏伟计划，否则物理学就真成了数学的附庸。

马赫以特别严格的标准来审视什么是构成可验证陈述的准则，这使他甚至排斥绝对空间和时间的概念，并且站在玻尔兹曼的反对者一边拒绝原子和分子的实在性。他认为本质上不可验证的而诉诸情感和信仰的思辨是不科学的。那些属于形而上学的学说，超越物理的哲学分支的本身也是不科学的。当然思辨并不被彻底拒绝，它们体验生活和思想中一个正常部分，但在科学中没有它们的位置。这种对可验证性的强调以及把形而上学彻底清除出科学范畴的坚决态度成为近代科学的主流思潮。由此，所有形而上学的陈述都被认为无科学意义而剔除了，这样的思潮也从哲学中清除了几个世纪以来关于心灵、存在和上帝的"伪陈述"，把它们归入艺术、诗歌、音乐。这种想法也最终把科学与神秘论切割开来。神秘论有自身的存在价值，它提供了或许有意义的猜想，但科学发现的经验告诉我们说停留在猜想是没有任何实际意义的。这样的界定又把神秘论与文学、艺术区分开来，后者对人类是有实际意义的。艺术的作品和工具恰恰是所寻找的物理学、心理学和形而上学的实体的替代物。

从人类历史来讲，古代思辨哲学的学派忽视事物的可验证性而导致了对"形而上问题"悬而未决的长期争论。很明显，理论只不过是为了在观察或实验结果之间以尽可能经济的方式建立联系的工具。如果理论描述的是我们不能直接感知的实体的行为，那么这种实体自身也不过是为了方便而建立的理论手段而已，它并不比托勒密的本环更真实。这并不一定意味着所有的思辨都是没有意义的，但的确意味着我们应节制我们的期望。理论描述"实在"表现为可以被我们直接感知的效应、可验证的那种元素，但不要期望能够超越这个经验水平。事实上，从这以后，物理学对数学形成了一种反击。人会有对自然世界的各种不同描述，甚至这种描述超出了自然世界的限制，它可以完全是人类的思想通过合适的逻辑方法来表达，从而形成一个自洽的逻辑体系。然而这种逻辑体系是否有用，是否优于其他的表述方式，却要在与物理世界的对应中被选择和验证。举个例子而言，以最简单的算数系统来说，十进制只是碰巧人有十只手指，这样计数最方便。也有十二进制、二进制、八进制等等，如果你喜欢，建一个三进制也没有问题。选择哪个进制，只是我们在对待具体的自然问题时的方便而言的。这具体的自然问题，即物理学所展现给我们的世界不被我们的描述方法所规定。这样说来，数学体系更准确地讲是人类逻辑的体现，人类不得不发展这一套体系，作为工具来认识世界。但自然世界不一定是由这样的逻辑来组织的，或者不一定需要逻辑来组织。从这个角度讲，数学与我们已经分类的"艺术"和"哲学"也许更近一些，而物理学是人类自己发明的逻辑工具面对自然的第一道检验。

希尔伯特和他的战友们倡导的公理方法代表着要在数学中消除任何形式的直觉推理。他们开始的对于数学的严格和形式的追求，不可避免地造成了晦涩的符号数学的肆意蔓延。以至于这样的数学抽象引起了现代物理学和普通人认知习惯的断裂，任何具有平均智力但没有受过正规数学和逻辑训练的人要想全面理解现代基本科学几乎是不可能的。不幸的是，量子力学形成于这个运动之后，这导致量子力学不仅在本质上与人们习惯的认知不和谐，它的表达形式也脱离了群众。量子理论的公理化产生了一些"量子定则"，量子理论表达就建立在这些定则之上。然而这些定则不一定是不证自明的真理，如果我们把它们视为属于依假设为真的形式语言的命题，则我们可以接受它们为公理。它们必须按字面意义来接受而无须证明，常常也不许提问！只通过预测与实验之间的吻合来验证。

量子理论的正统诠释指的就是哥本哈根诠释。量子理论的哥本哈根诠释的基础是不确定性原理、波粒二象性、玻恩的波函数概率诠释，以及本征值与观察量测量值的等同性。这一诠释贯穿于冯·诺伊曼后来发展的数学表达的核心之中。虽然冯·诺伊曼的观点在量子测量的一些十分微妙的表述与哥本哈根诠释不同，而哥本哈根诠释牢固地深植于物理学的基础教育里，而许多人在发现量子力学还有其他诠释时会感到惊讶。量子力学（keep）要求我们十分仔细地考虑在获取物理世界的知识时所用的方法。它把科学活动的焦点从我们研究的对象转移到研究对象与用于揭示其行为的工具的关系上来：对象与工具一起占据了中心位置，而它们之间的区分变得十分模糊了。根据这一诠释，认为量子粒子具有任何独立于某种测量工具的固有性质是没意义的。每一种性质仅仅是物质与一个专为揭示此种性质设计的工具而表现。如果我们的工具是一个双缝装置，研究一个光子是如何通过它，则我们知道可以用表达为光子的波函数来理解光波——仪器相互作用的物理效应。如果我们的装置是一个光电倍增管或一块感光胶片，则可以用粒子概念来理解光子——仪器的相互作用。

测量位于量子表达的核心。在经典力学里描述物体的物理性质和动力学行为时，测量除了是一个有关记录这些性质和行为的消极角色之外没有特别的作用。与之相反，在量子理论中，测量承载着远为深刻的意义。玻尔主张使用两个截然相反的经典概念"波和粒子"阻碍了我们，使我们不能够了解量子粒子究竟发生了什么，直到它们暴露于某种事先选定形式的测量器件。我们对于测量器件的选择决定了我们能够看到何种行为。如果我们选择一种为揭示量子位置而设计的装置来考察量子系统，就得到类似粒子的行为：粒子在这里或那里。如果选择一种为显示干涉效应而设计的装置来考察量子系统，就得到类似波动的行为：粒子既不在这里，也不在那里，相反，我们看到的是干涉条纹。没有测量，理论只是一个空的框架，而且这个理论的一切概念和哲学问题全都要在测量中发现。

海森堡在其 1926 年出版的《物理学与哲学》中写道：量子理论的哥本哈根诠释实际上是基于一个佯谬，这个佯谬就是用经典概念去描述量子现象。经典的图像里我们只知道波和粒子，这是我们从日常生活经验以及经典物理学的漫长传统得来的。这个诠释要求我们承认，我们绝不能"知道"量子概念：它根本超越了人类经验。一个量子实体既不是波也不是粒子，我们只是在必要时使用适当的经典概念，波或粒子来做类比理解。玻尔甚至主张说"不存在量子世界"，只有抽象的量子物理学描述。以为物理学的任务是发现自然是如何的，那是错误的。物理学关心的是我们能够对自然说些什么，自然愿意给我们看什么。因此玻尔对原子内部结构的理论能够说些什么设了界限。他说，我们生活在一个经典的世界里，我们的经验是经典的经验。超越了这些概念，我们就跨越了能知与不能知的界限。玻尔哲学最重要的特点是他根本的反实在论。量子力学的核心问题在于测量，在说到独立存在于"我们"的测量器件的可能的物理实在时，量子理论就没有任何意义。隐函数理论的不存在这一事实否认了量子理论进一步发展会使我们更接近某种实在的可能。虽然这些观点是基于原子层面的证据得出，但戏剧性地与反对"原子论"的马赫那一代人一脉相承的。

九 量子力学、哥德尔和体验主义

当我们把目光转到杜威的体验主义上来的时候，会发现量子力学所描述的世界观与杜威的主张有内在的一致。观测与被观测，主观与客观，主体与客体，阴与阳，生与死，内与外，在经典的哲学体系里，我们在研究和分析过程中往往设定了二元论的背景。从柏拉图开始，许多不同类型的传统哲学都以不同的方式来运用这一方法。我们在亚里士多德那里发现了形式与内容的二元论，在奥古斯丁那里发现了上帝之城与人类之城的二元论，在笛卡儿那里发现了心灵与肉体的二元论，在康德那里则发现了现象和本体的二元论。二元论的一项总是指向永恒不变的存在，说它是真正知识的源泉和对象，只能通过哲学的系统原理所把握。而剩下的一项总是表示"相对实在的日常经验世界"，"不完美的、日益腐朽的世界"，而习惯上这恰恰是科学所关注的对象。在这种架构下，通过主体的思维来确定客体的界限及其相互关系，但客体存在本身的意义则常常被遗忘；主体的思维也规划了客体仅具有属于人或为人所用的意义和价值，人把世界价值化、工具化，同时也顺便把人本身价值化、工具化。所以这个架构中的人和自然相互对立，甚至人与自己创造的工具也对立起来。无论有意或者是无意，这样都引出了这样那样的灭世论或末世论，"天地不仁，以万物为刍狗""人定胜天"，世界也因此陷入了没有灵性的黑暗之中。这样的论点对于神秘论特别有意义，它增加了神秘论存在的依据，而成为牟利者的工具。

体验主义的非定性思维消除了主体与客体、主观与客观的二元对立，用实验的、测量的观点看世界，从根本上区别于"客观的真实"所决定的外在经验，这一点与量子力学对客观的否定不谋而合。如果依从量子力学而改造我们对知识论、认识论的理解，我们就会看到一个具有不同本质的世界。其中体验的对象不再是在人之外、与人对立、为人所认识和改造的对象，而是人本身的存在经验，人的生活方式的一部分，与人不可分割的。这种内在于人的本身并改变人的本身存在形态的经验，我们把它叫作"体验"（Empiricism，早年关于这个词翻译为经验主义，现在看来不那么准确）。

从量子的经验和认知而言，传统认识论所描述的旁观者也是一种虚构。我们必须抛弃传统认识论在孤立的"内部"认知者和被认知的"外部"世界之间确立的形而上学的二元论。认知者和被认知的对象构成了一个共同的世界，认知者并不是一个旁观的实在的可怕的局外人，而是生活在环境中的一种生物。因此，认知者不是被动的感觉接受者，他在本质上是一个有机体，通过与环境做交流而生活。因此我们必须放弃任何通过将知识与生物维持生命的行为相分离而产生的"独立自主知识"的认识论。进一步说，"客观"否认了作为认知过程中具体的、实在的"对象"的意义。如果我们接受杜威的"体验主义"的描述，这同样是受量子力学的思想的启示，我们就应该放弃客观世界的知识是稳定的这一假设。我们必须承认，没有脱离环境的"实在"，也没有脱离测量活动的认知，而环境是易变的、动态性的，与浸没在这一环境体验中的我们紧密的纠缠不可分离的。相应地，我们也必须放弃那种将不变的实在视为认识对象的认识论，必须根据生命体与动态环境之间的互动来理解认识。

科学的发展，是人类在使生活条件与行动条件更加有效的工具方面扩大财富的一部历史。当一个人忽略了这些对象和人生体验之间的关联时，科学认知的结果就是一幅与人类利益无关的甚至有害的事物组成的世界，它不仅仅是孤立的，更趋于对立。当被看成固定的和孤立的对象时，它甚至会变成一个压抑心灵和麻痹思想的根源。这是体验对象主义的一个重要的认识，事实上，我们诟病科学的无益却正享受着它带来的更多好处，"原子弹"就是一个典型的例子。"二战"之后我们知道了它的威慑力，知道了一旦核大战爆发，地球上已有的原子弹可以把地球毁灭很多次。但人类的智慧和游走在边缘上修修补补的能力让我们知道怎样与危机共处。原子弹发明之后的几十年，有核国家都小心翼翼地揣摩对方的意见，形成一种政治和科技的博弈，事实上整个地球进入了人类历史上空前的和平时期。无大仗发生，所有战争和不满大家都压抑着而不越过底线。难道这不是一种我们和我们制造的"也许会"毁灭人类的武器之间微妙的平衡吗？那我们干吗要担心未来人会跟机器人之间出现你死我活的奴役与被奴役关系呢？就我们已经了解的科学认知的习惯和属性，既然这幅关于科学世界的图像和关于物理对象特性的哲学与每一个工程设计、每一个公共政策的设计都是相关的，我们就该时常检查一下它所依据的基础，并且找出产生这些结论的方式和原因。我们不须说得更明白或者借用比喻了。比喻是不严谨的。但我们看到杜威的思想是由体验主义的实施验证了的，有众多案例，而量子力学所提供的佐证为体验主义精神提供了物理世界的基础或至少是对照。

　　观察者与被观察者互动，经典信息和量子信息之间互动，生命体与环境中的其他因素之间的互动，体验主义关注融入环境的生命体以及被它改造的环境。生命生存的条件不仅是可被记录下来的东西，而且是体验行为中使用的材料，生命对环境的适应及向着新方向来控制环境的努力都孕育在各种各样的关联之中。这样，一个体验式的世界观应该是：

（1）环境不是一种严格地外在于我们的实体，我们就是环境的一部分，我们生活在环境之中；

（2）环境并不是静态的，它是过程性的、易变的、动态的。"环境"这一术语并不表示某种永恒的、独立的实体，它是对一系列相互联系的、活动着的要素的描述，这些要素构成了我们生活于某一时间和地点的基本条件。

但在我们已经习惯的经典世界观里，我们通常不会想到自己的行为是在特定的背景中产生的。我们常常忽略世界与我们自身在本质上的相互联系。我们倾向于认为，在我们人的"内在"和"外在"世界之间存在着不可克服的分裂，而人的行为充其量构成了这些彼此分离的领域之间的一个界面。从体验主义的细节来看，我们的生存不仅仅在特定的条件下进行，我们就是这些条件。从经验及有机体与周边动态环境的互动开始形成的文化以及道德理论，最终驱使我们放弃确立至善、终极的道德目标，而考察在现有情境中生命体如何通过与周围环境的互动来实现。道德的标准必须变为体验性的，它必须将科学方法运用于人类价值的问题，随着时代和环境的演进而变化。在这一点上，它与文化强调的传承性稍有不同。道德探究的目的不是某种外在的善的法则，成长自身是唯一的道德目的。成长是一个进步的概念，它不是结局意义上的目的，它是对我们的习惯进行不断完善、培养和提升的过程。人们不应该再根据对与经验无关的价值标准的服从，或者根据对传统习俗的遵从来理解道德。

我们来讨论一个具体的关于道德描述的经典案例。一位火车的扳道工负责切换铁轨。一辆火车高速奔来，显然已经无法停下来。一条铁轨上有五个工人在干活，另外一条铁轨上有一个工人在干活，他们显然已经听不见扳道工的喊声而离开铁轨。这时候：

道德一，把轨道切到一个人的那条轨上，因为五个人的生命会比一个人的更重要；

道德二，信息缺失，补充的信息是那个独自干活的工人是扳道工的小儿子。这时候是信息的环境发生了变化，让道德的标准有所斟酌。

如果我们停留在这样的假设下，道德就成了冷漠的惩罚，它甚至僵化，而让我们不得不做出道德或者感情的艰难选择。而事实上，基于类似的原因，电影《霸王别姬》里面最让人震撼的一幕是在红卫兵的武斗中程蝶衣对菊仙的"大义"揭发。但如果用体验主义的思维，记得那里永远有哥德尔的不完备，我们永远可以找来更多的办法来避免这种道德惩罚的出现。既然我们已经假设了有这样的困难场景，就应该多一条规则，任何情况下禁止两条铁路同时有工人在维修，避免把扳道工放置到道德困难抉择中。

我们要不断适应因环境演变而变化的道德标准。书写成文的法律总会落后而僵化，由经典信息定义的哥德尔的不完备，我们可以体会到这种僵化的原因。因此，我们就需要法律之外的准则来约束人们的行为，弥补规定事情之外的模糊地带。事实上，模糊地带绝不是细枝末节，而往往是主体，是法律的基础。这些内容无法以法律的形式约定，而它的原则由宗教和信仰所描述、记录和传播。宗教和信仰不仅仅限于人与社会关系的推演，它在回答我们之前说过的三个问题，并通过这三个问题的统一，得到它对人教化的自洽。

杜威所倡导的体验主义，发生在量子力学建立前二三十年，而量子力学的发生、建立，很大程度上也是独立于体验主义进行的。杜威不断地在日常的技术实践和自然科学精致的、丰富的显现之间，从世俗事务到科学、逻辑学、形而上学等方面提出理由，寻求建立人与自然、人与社会之间的关联。在讨论艺术产生和美学经验时，他用山峰作为比喻，山峰不能没有支撑就浮在空中，它们甚至也不是仅仅安放在大地，它就是大地。理论家在对美的艺术进行哲学研究时也要完成类似的任务，从自己的角度和理解来看山峰，就有会当凌绝顶、一览众山小，但也有不识庐山真面目。一沙一世界，对于任何一个个体，我们都可以发掘出大量的，甚至趋于无限的信息，而这些信息的产生也是连续的、无法设置预先的界限的。不同的体验会对同一事物有不同的描述，制造出不同内容和深度的信息，而一个独立于体验的"客观"的定义是没有实际意义的。

牛顿之后，我们可以通过万有引力和微积分来诠释地球和月球、太阳与行星之间的运行关系，甚至我们想象上帝应该是个数学家，大智慧地设计了这一切精美的符合数学原理的世界。在牛顿建立的哲学基础上，我们建立起来物理学的各个子领域，解释机械、电和热的问题，继而建立起来我们现在的科学方法论和科学世界观。当然古代数学家也认识到这其中是多少有些不尽人意的地方，比如山峰的形状，不是三角形，而把它们缩小一个尺度上看的时候，也不是三角形，还是不规则的。但这不重要，当我们忽略了不优美的细枝末节，世界太美好了。完美的认识是如此的迷人，以至于牛顿之后的三百年间，人类似乎忘却了那些不美好事物的存在，一个清晰的、可认识的世界蓝图在我们面前展开。

这样清晰而美好的思想方法已经成为我们建立现代科学的基础。在牛顿力学所引导下的方法论和世界观的基础上，我们建立了经典架构的化学、物理学、生物学、社会学以及经济学的现代学科。牛顿所开创一个时代里，自然科学的进步大大出乎人们的预料，这使得讨论任何有关科学局限性的蛛丝马迹，都会被人嘲笑。对物理学本身，形成了一种习惯而逐渐成为信仰一样的默认力量；只要我们不断提高预测和控制能力，就可以随心所欲地了解自然，而这种思潮也拓展到所有其他的经典架构学科。人们普遍认为这是科学进步的产物，应用于社会过程中，人们也会以为这种能力不久就可以使我们随心所欲地了解和改造社会。我们对科学有着无限力量的信仰，认为科学的方法可以是采用一些通用的、现成的放之四海皆准的技术，只要按图索骥就可以解决一切社会和人本身的问题。打着更科学地指导一切人类活动的招牌，认为用人类的自觉控制取代各种自发过程是可取的，这种影响深远的主张被拓展到很多其他更为复杂的领域，包括心理学、经济学和社会学的某些分支，更不用说对所谓哲学的影响更大。所以当量子力学开始撼动客观唯物的经典物质世界基础的时候，我们开始怀疑建筑在"经典世界"上的其他科学架构是否还依然稳固。

在经典的科学世界观里，世界是客观实在的世界。客观要求存在第三方的观察者，世界不会因为观察者的观察而改变。"实在"，无论认为实在是确定的，还是实在是近距的，还是认为实在是独立于观测的，我们看到量子力学都对"实在"提出了挑战。量子力学也甚至挑战了因果论。在认识世界的方法论一面，客观实在的唯物论基础上我们建立起已经习惯的科学方法论：分析与综合。研究复杂的问题，我们总可以把研究对象分割成一个个独立的简单局部，对每个局部了解，就对它们组合起来的对象了解。虽然我们清晰地知道在割裂事物本身的联系的时候会忽略掉一些东西，但我们大多数时候认为这些割裂的关系不那么重要，我们总会找到最薄弱、最无关紧要的关联把系统切割开来，使它们最大限度保持原有的状态。这如同对某一生物不了解，我们把这个生物切成几部分，对头了解，对足了解，对躯干了解，但这并不等于我对这个生物就了解了，我们想要研究的那生物因为这样的分割死掉了。量子力学要求说明系统和系统之间的关联，一旦发生关联，系统本身就变得难以单独描述，一旦对它进行描述，也会改变它的状态。这也可以从玻尔讲爱因斯坦不可分性得到印证。那两个粒子被当成整体创造，不可以被分开独立研究。事实上我们看到从关联的角度来讲，这样做是不慎重的甚至是荒谬的。

当我们体验到某物时，我们是在作用于它，我们是在利用它，随后我们要忍受或经历其结果。我们利用了某物，而后者反过来也利用了我们。从主动的一面说，体验是一种努力；从被动的一面说，它是一种经历。换句话说，体验就是同时进行的行为和经历的统一。体验的、量子的观点启示我们传统的分析方法里所默认的对认知对象部分的割裂是危险的，因为我们的体验也是与事物联系在一起的。人类的认知再往前走，我们现在关于量子的观点也有可能存在一样的问题，虽然我们也给了些结论，但是再过几十年，我们回头来看的时候，今日今时之言也会有我们这个时代和视野的局限，无论从时间或者空间来讲，我们都无法扮演一个孤立的观察者来审视我们生存的世界和周边的环境。仰之弥高，钻之弥坚，这也是一个变化和关联的世界给我们的最终结论，我们可能永远没有最好的真理，只是有更好的真理。

第三部分　世界

对科学而言，我们感兴趣的不是某些知识的理论，而是一种探究的方法，借助这种方法，能解决以前察觉的问题。杜威非常小心地区分了现代社会中的两类活动，一类是产生更多意义和含义的活动，即理智的（intelligent）活动；一类是机械的和模仿的活动，即理性（rational）的活动。从人工智能（Artificial Intelligence，AI）的发展来看，我们目前也许更多的是对理性工作的夸张的描绘。在未来的世界，如果人和人工智能处于一种合作分工的状态，由AI完成理性的工作，而人来完成理智的工作，这将会产生新型的人的组织。这样的组织会更关注于个人的体验和创造性，而生产制造交给机器人去完成。也许多年以后我还是会投降于人工智能对人类的统治，但我努力从量子的复杂性来证明人类试图造出超过人类大脑的智能的实际困难，而我们更应该关注设计一个更加和谐的人类未来社会。这样的社会里，个人的作用被工具放大，知识型社会也会因此产生，这意味着管理模式的更新。由更多自我觉醒的个人组成，企业不再是个人的管理体系而是个人的组织，管理也不再是组织内部的分工行为，而成为个人的自我组成部分。

一　量子模拟和人工智能

　　量子理论在诞生之后的一百年，形成了几种不同的诠释，有经典的量子波粒二象性解释，也有多重宇宙解释、隐函数解释和整体论解释，而其中波粒二象性解释因为历史的原因成为主流理论。但随着近些年量子信息论的发展，波粒二象性解释越来越显得不那么完善。这里，我会介绍关联解释，它基于量子信息论里对于密度矩阵的研究，但由于它涉及了关联的本质，使得量子理论不再像传统认识的那样仅局限于微观世界的理论。至少，我们会看到，量子理论不仅仅是一个描述原子和亚原子层面的理论，它的深奥和广大，远远超出了波粒二象性的限定。当我们承认关联是量子力学的本质，并且认为关联的性质在复杂系统中被推广了的时候，量子力学的第一性原理多少给了我们一点信心。

　　"Tele"这个词根与远距离有关, telegraph（电报）,television（电

视），telephone（电话），有一个新词叫telelportation，port是指运输，teleportation就说的是远距离传输，不仅远，而更强调立刻、实时。中文给它起了个很酷炫的翻译，叫隐态传递。出于对宇宙探索的好奇，我们一直希望实现星际旅行，但相对论限制了我们在这一方面的想象：我们不可能跑得比光快。迄今为止，我们找到的一颗环境跟地球类似行星叫Kepler-452b，它离我们大概有1400光年，以光的速度走需要1400年。如果真的要人坐飞船去那，以我们今天的技术，尤其是医疗条件的限制，人活不了那么久，况且这样的旅行真的很无聊。量子的teleportation提供了一个解决方案。

微观粒子是全同的，地球上的碳原子和相隔几千光年的行星上的碳原子从物质上来说是完全一样的，不同在于它们的量子信息不同。原子与原子组成物体的量子相位不同。因而它们的量子关联也不同。但我们知道这个关联是可以通过量子通道传递的。要穿越的地球人，组成身体原子的量子信息可以通过量子通道立刻的即时的传到Kepler-452b上。组成身体的经典信息，身上原子分子的组合结构和成分等可以通过各种高级的三维扫描获得，用无线电以光速发射过去。经典信息通过光来传递，量子的相位信息通过量子通道传递，被传递的人至少以光速从一个地方到了另外一个地方而穿越了时空。1400年之后，当在Kepler-452b的接受方收到经典信息之后，就可以把已经放了1400年的量子信息按照经典信息所提供的数量和种类的原子再次复合，被传递的人就可以醒过来复活了。在这个过程里宇宙经历了整整 1400 年，而对被传输的人来说，醒过来的时候保留了 1400 年前被扫描的全部信息：经典的粒子数量、种类、量子的粒子的关联和相位，而他已经生活在宇宙的另外一个地方。

人的思维更趋近于量子信息，当经典信息和量子信息重新组合，会形成一个外表和记忆、思维完全一样的人。而量子力学要求，原来的物体因为被扫描的量子信息发生变化，完全消失了原有的关联而变成没有"灵魂"的原子团，"人"被传送到了宇宙的另外一端。值得注意的是，由于人通过记忆来感知时间，当这个人在等待他的经典信息部分通过光速传来，结合早已到达的量子信息部分而重新组合为人的时候，醒来时与他被扫描时候完全一致，依旧年轻和相同的记忆，十八岁还是十八岁。他对这 1400 年没有任何记忆或者任何知觉，宇宙旅行对他来说时间是停止了的。这听起来像是天方夜谭。公元 2000 年的时候，丹麦的物理学家利用光子和原子在实验上证明量子信息隐态传递的可行性。虽然这离人体传送还很远，而且我也很难相信这个路径将来会实现，但并不妨碍科学家在更大更复杂的体系上向着这个方向努力。

我们这一假想里有两个还缺乏证据的关键假设：其一，人的思维由经典信息和量子信息组成；其二，在整个传递和等待过程的中，量子信息没有发生退相干，被很好地保留到被传递的人醒来的那一刻。

虽然今天还略显无力和幼稚，科学却从未停止对人类思维的探索。我们相信有一天人类能够了解自己，甚至可以模拟人类的思维而创造机械的思维——人工智能。2014 年以后多位互联网科技大佬在不同场合表示人们要警惕人工智能。但这样的关于人工智能的恐慌已经有过好几次，第一次源于计算机的诞生。美国电影是个好东西，它常常反映了科技的最新进展，它对某一话题的重复演绎也体现了这一技术的冷热变化。电影《模拟游戏》以图灵在"二战"的经历为原本，当时人们认为牢不可破的密码被图灵的计算机破解了，从而使盟军最终赢得了胜利。人们开始想象，这个趋势发展下去计算机可以超过人类。然而事情并没有那么简单，大型的商用计算机在处理一些问题上确实有效，但跟人比较智商还差得远。80 年代以后，个人电脑的普及带来了人类对人工智能的又一次恐慌。电影《机械战警》、《终结者》都是这个时期的代表。2006 年以后，随着深度学习算法和硬件的发展，人类迎来了对人工智能的第三次恐慌。《超能陆战队》、《Her》就代表这一阶段，尤其是被互联网人追捧的奇点理论。到 2045 年的时候，人工智能有可能超过人类，最终绝尘而去，人类反而会被机器人奴役，被霸天虎或者汽车人统治着。

做物理的人没有数学家大胆，往往对科学幻想抱有体验主义的保守，我们非常实用地从技术实现的角度来考虑人工智能的现实困难。首先，深度学习是件非常困难的事情，我们正在一点一点地进步，比如无人驾驶，要解决图像的识别问题，阴晴雨雪天气对成像的影响和实际的路况问题都是非常复杂的事情。从认知的方式来讲，人类的认知过程与我们现在营造的人工智能是不一样的。人类有一种认知相对靠谱真理的直觉方法，跟计算机式的方法不同，人类可以知道这些事情并不受哥德尔定理限制。以计算机的停机问题为例，虽然计算机速度和效率大大提高了，但它们本质上还是图灵机。计算机的程序是基于二进制数字运算的命题演算系统，人能提供给它们的公理是有限的，规则一条一条可计数，计算机判定出命题的真伪，输出结果、停机并转向下一个命题。这恰恰符合哥德尔第一不完备定理的条件。这样的系统必然是不完备的，也就是说，至少有一个命题不能通过"程序"被判明真伪，系统在处理这样的命题时，就进入逻辑判断的死循环而无法停机。无论我们怎样为计算机系统的命题扩充它的公理以包罗更多的内容，只要公理总数是有限的，物理上不允许无限大这个概念，哥德尔的问题就始终存在。我们可以在数学上假设无限的公理集，然而对于计算机来说，就意味着要描述这些公理集就要无限大的存储空间，物理实现上显然是不可能的，这表明了计算机与人思维的不同。但哥德尔所限定的有限逻辑，可能不能限制量子力学，人类的直觉也可能不受哥德尔不完备定理的限制。从这个角度来讲，现在的计算机结构不太可能具有人脑的能力。虽然量子计算机基于量子逻辑，离实现还有些实际的困难，我们不能够简单预期。

另外一个证据是钱德拉塞卡（Subrahmanyan Chandrasekhar）证明。这个证明并不复杂，买杯啤酒用杯垫的背面就能演算。如果我们认为人类的思维是图灵模式的计算机，那么我们现在做的计算机接入互联网之后，六十万台计算机的总计算单元数已经与一个人的大脑可比。而事实上，人类接入计算机群的计算单元已经远远超过了这个数量。但我们现在还没有看到这样大规模的互联网有产生像人一样的学习行为（即便有些许类似，也是因为互联网里节点上的人类干预）。这至少说明人的思维模式不应该是线性叠加的，不是像计算机的图灵机模式。那么思维有没有可能是量子模式呢？我们知道量子本身讲的是关联。如果人的大脑是量子化工作的，那它到底有多复杂呢？注意，量子关联带来了非局域性，量子关联不一定发生在相邻的脑细胞上，而是可以发生在任何一个脑细胞上。一个脑细胞跟相邻的脑细胞通过神经突触经典地连接，并不等于它跟其他细胞之间没有量子的关联。有学者把这个机制叫作量子微管，我们暂且不去深入探讨。这里，我们假设量子关联确实可以发生在不必相邻的脑细胞之间。那么，一个脑细胞和它关联的脑细胞就不是相邻的几十个，而是另外 130 亿个。假设每个脑细胞只需跟 6 个脑细胞发生非局域关联，这个关联的数量是多大呢？

设想用经典的存储单元来描述这个关联。先不用去管这个关联是怎样工作的，我们至少需要一个经典的存储单元来标记它。假设我们至少用一个经典的存储单元标记一个这样的量子关联。经典计算机的存储模式我们称作"热投票"。一个磁记忆单元，它存的到底是 0 还是 1，要看这个磁体北极所指方向。比方说每个用于记忆的磁单元由一万个小指南针构成，当这些小指南针有超过百分之五十指北的时候，这个磁体存储的是 1，当超过百分之五十指向南时，它存的是 0。但每一个小指南针在量子层面上是处在叠加态的，即同时处在 0 和 1 的叠加态上。我们只能看在观察的时候，通过大多数指南针的指向来决定这些小指南针加起来形成一个记忆单元整体时对外显示出的磁性指向，这个机制叫作热投票。计算机的存储单元应用的就是这个原理，根据大量的热原子的平均行为统计来确定记忆单元存的是 1 还是 0。物理上实现热投票，一个记忆单元至少要三个电子，并且用电子的"自旋"方向来代替小指南针的南北方向。

大脑有 130 亿的脑细胞，假设每个脑细胞允许跟 6 个非局域的脑细胞发生关联，每个关联用 3 个电子来记忆和存储。总共要（$1.3^{10} \times 6 \times 3$）个电子。每个电子都有不能忽略的质量，而电子是我们能找到的稳定的可以做信息存储的最轻的物质。算上电子质量，总质量是多大呢？它等于钱德拉塞卡极限。在 1938 年，钱德拉塞卡提出：当一个恒星的质量超过钱德拉塞卡极限时，这个恒星会坍缩成一个黑洞。这说明如果真的用一个经典的存储计算机去模拟一个人的大脑行为，这个计算机自身的质量已经把自己压成一个黑洞了。钱德拉塞卡极限这个值大约是太阳质量的 1.4 倍。这说明如果按照我们现在理解的计算机构造，人的大脑不是我们用现在地球上的资源能够重建的。这里取 6 作为脑细胞可能产生的关联数，事实上每个神经元有可能跟另外 1000 个神经元发生关联。这就是说，即使我们可以用最轻的单元——电子去做存储，都没有办法去构建一个足够大的系统来描述一个大脑行为。从这个角度来讲，用经典的图灵机办法做出一个超过人脑的计算机，有物理上的实际困难。

我们从另外一个方向来考虑，大脑的运作可能是基于量子力学的。思维有可能源于量子信息，得出这个结论基本上是个排它法。因为我们在物理世界看到的信息，只有经典信息来描述人是由哪些分子原子组成，这些微观粒子的数量和位置，而量子信息描述它们之间的关联。另外一个证据是基于思维和量子之间的相似。思维会有关联，会有非局域性的现象，而量子本身也是。比如同样是记忆，计算机一个扇区坏掉了，这个扇区上存的东西就消失了。新的扇区替换进去也不会再有相同的记忆内容。而大脑每天都在工作，细胞每天都在新陈代谢，组成细胞的碳氢氧氮等原子不断被替换，我们的记忆却并没有消失。我们还有一个间接的证据，一个高等生命体，被切割成为一段一段的局部后，生命也就消失了，而这与量子纠缠系统的爱因斯坦不可分性非常类似。当分别测量的时候，我们割断了纠缠态的内在关联，纠缠的两个实体也不再存在纠缠，基于它们纠缠态上的量子信息也变化了。大脑的行为更像是量子的长程关联，类似于电子的超导，是一种非局域的相互关系，一对电子形成库柏对在晶格之间穿行，不再消耗能量。超导不是单个的粒子的行为，而是很多粒子在一起的关联群体的量子化行为，任何单个粒子的变化对整体的量子效应并没有大的影响。

　　量子关联的解释也许会渗入人类对认知的了解。如果大脑真的是量子化的工作，我们反而认为这对人类是一个好消息。我们用经典的方法来搭建的计算机在很长时间内不会超过人脑，我们也就不用担心人工智能控制人类。类似的复杂系统组成了我们身边的世界，大脑是这样的系统，社交网络是这样的系统，甚至人类社会也是这样的系统。大脑始终不是一个经典物理的设备，脑细胞会在局部建立起与其他脑细胞的复杂关联，而计算机的存储单元却不能。当系统足够庞大到其关联数量是130亿的N次方的时候，这样的复杂体系更应该是量子化的，有长程关联的存在。人的记忆更像是一个覆盖大范围脑细胞的行为，而不像计算机一样基于局域的相互作用。对于计算机的计算单元，我们目前只能建立相邻单元的关联而非复杂的非局域的关联。从这个角度来讲，目前的机器人也很难会有类似于人脑的思维能力，因此也就不具有学习和独立创新的能力。

费曼讲"只有量子系统才能描述量子系统"，如果我们人类的思维真是量子化的，那么就只能用量子系统来模拟，这就是所谓量子的第一性原理。我们在实验室用量子模拟来看这样的对复杂系统的模拟是否能行得通，从而使我们对人的认知更加深刻一点。任何一个量子单元，或大或小，都可以被看作一个量子比特，它构成量子模拟和量子计算的基本单元。但因为量子系统存在退相干，纠缠和相干到底能造，在多大的系统上维持我们并不知道，我们还在十几个量子比特上努力。大概每两年放一个新的量子比特到系统里，但这是符合摩尔定律的，因为量子比特每多一个，希尔伯特空间就多一个自由度，存储能力翻了一倍。但我有个暗黑的想法，原谅一个物理学家的孩子气，即使我们最终依靠量子力学搭建了一个够大的量子计算机来完整模拟人的大脑。这个东西，也会因为退相干而忘记东西，是不是跟我们人一样，也得吃饭、睡觉，也打盹，也犯各种错误和闹情绪。如果这样，也许会生几个孩子成本更会低一些?

功耗是另外一个旁证。计算相同的问题，人脑的功耗远小于计算机的功耗，然而量子计算提供了一个可能，因为它可以利用量子计算进行大规模的并行计算。一个简单的例子，当我们讨论量子计算的德意志（David Deutsch）算法的时候，它可以通过量子的叠加态，即我们前面讲的猫态，一次计算得到结果，而不像经典算法需要计算两次。当类似的算法大量叠加的时候，它可以大量地节省能量。无论如何基于我们现在对量子力学的粗浅认识，我们离设计一个像人脑一样复杂工作的系统还很远。

别着急反驳，以上想法至少要说明一个情怀，就是不必危言耸听，人工智能至少在三百年内还没什么机会超越人脑。这个三百年的估计源于我们对物理学进展的了解，从牛顿到量子力学诞生经过了两百年，量子力学到现在一百年，我们发现我们还懂得不够多，甚至突然被缴了械，问题似乎回到了起点，我们可能在基本研究手段上都有问题。以过去科学的发展历史，我们自信地讲，大概还要这么长的时间才有可能在这个基础上了解和使用这些技术。三百年不是个太夸张的时间。三百年内，我们大可放心去跟机器相处。

我们时不时地会搞搞大跃进，炒作一个概念会让不少人有新饭吃，每个人都要让自己的选择正义化，看谁抢到话筒。一个真实的科学研究的过程，是反对转型和跨越发展的，它真是慢慢的一步一步往前走。当积累了庞大的基础后，在某个方向上有些许小的突破。不能说泡沫都是不好的，泡沫对科普有益。但话说回来，在一个神秘主义有上千年传统的国家里，科普和迷信一样有害 。只停留在泡沫上的传闻，对科学的实际进步未必有利，这种吹泡泡而杀君马者道旁儿的案例我们看的也不少了。

二 科学和技术的创新

　　彼得·圣吉（Peter Senge）在他的著作《第五项修炼》里讨论怎样在现代社会里建立学习型企业。他说玻姆的量子整体论思想给了他很大启发。玻姆参加过曼哈顿工程，受麦肯锡主义迫害到了英国。他在晚年非常推崇大唠嗑"dialogue"。这本书把"dialogue"翻译成"大唠嗑"，以符合信达雅的翻译标准。玻姆甚至认为科学的唯一方法是大唠嗑，人们通过大唠嗑建立已知事物的关联，从而创造新的知识。不同背景的科学家在一起开会、讨论、通信、发表自己的研究结果，发现新问题，得出新的解决方案。科学家也不断地跟自己过去的经验大唠嗑，审视自己的研究结果、完善自己的理论。科学发现是个或然的过程，牛顿物理讲小概率的事情影响是小的，但我们看到科学发现显然不是。如果我们把大唠嗑所牵涉的更多的无法用经典信息描述的信息也包括进来，也许科学发现就成为一个多少必然的过程。

企业的技术团队有自己的研发任务，从出发点走到目的地找出最佳的路径。这通常是工程性问题而需要工程化的解决，容易通过已有的经验来制定确定的工作任务和时间要求，可以用量化考核标准来要求开发人员"多快好省"地完成任务。虽然如此，科学发现也经常有另外一种状况出现，从探索的起点开始后，科研人员很快发现既定的路线行不通，研究工作陷入一团团迷雾。在这种时候，好的科学训练不仅提供了系统的技术方案指导我们做出最有效的尝试，而且凭借科学训练和经验积累，让我们发现新目标，并很快意识到新目标也许是一个比原来目标更有价值的结果。突破既定的框架，这是科学的创新路径。

有个老笑话。宇宙飞船里有个实验记录本，宇航员不断地要对航行状况做记录。当然这些数据以现在的技术根本不需要手工记录，但考虑到长期在狭小的空间里飞行，宇航员会很无聊，所以要给他找点事情做。但这就存在写字的问题，钢笔和圆珠笔在无重力的情况下不出水写不出字。美国人花了两百万美元研发了一种可以在无重力情况下写字的圆珠笔。当苏联宇航员上天时，他们用铅笔。之前我们一直当作笑话来看，但是最后美国人这项研究解决了远距离的输油管的问题，重力差很小的情况下怎么把黏稠的液体长距离运输。一项新技术的开发之初可能看起来似乎很愚蠢，但功不唐捐，与别的应用关联，就有可能解决全新的问题。除了笑话之外，我们说一件真实的案例。

1932 年，法国物理学家约里奥·居里夫妇（Frederic Joliot-Curie 和 Irene Joliot-Curie），用 α 粒子轰击铍硼等轻元素，用盖革探测器探测到了有一种穿透能力异常强大的射线。他们把这种射线解释成为伽马射线，这种伽马射线的能量大大超过了天然放射性物质发射的伽马射线的能量。约里奥·居里夫妇把这种现象解释为一种光在晶格上的散射效应。这种效应是康普顿效应（Compton Effect）的一种，而康普顿效应已经被人们研究了很久并且了解得很透彻了。既然属于已知的内容，约里奥·居里夫妇就没有进一步深入研究。此后不久，英国人查德威克（James Chadwick）对他们的结果进行了反复实验，进一步证实这些射线像伽马射线一样不会被磁场偏折，是电中性的，不带电。但是这种射线的运动速度只有光速的十分之一，比起以光速运动的伽马射线来说慢得很。为了确定粒子的大小，他用这种粒子轰击硼，并从新产生的原子核增加的质量来计算新粒子的质量。结果发现新粒子质量跟质子大致相等。查德威克还用别的物质进行实验，得出的结果都是这种未知粒子的质量与质子的质量差不多。查德威克将他的研究成果写成论文"中子的存在"发表在皇家学会的学报上宣布发现了中子，后来更精确的实验测出，中子的质量非常接近于质子，只比质子重约千分之一。从查德威克重复约里奥·居里夫妇的实验到发现中子，前后不足一个月。约里奥·居里夫妇虽然已经遇到了中子，由于没有做出正确的解释，而与中子失之交臂，错过了发现中子的机会。中子的发现不仅改变了当时人们对物质结构概念的认识，同时还为研究原子核提供了强有力的手段，促进了核裂变研究工作的发展和原子能的利用。由于这一重大的发现，查德威克获得了 1935 年的诺贝尔奖物理学奖。

工程化的思维常常鼓励人们在已知的技术框架里找到多快好省的方案。而科学往往发生在已知的假设之外，在不确定的、不规范的、它山之石可以攻玉的情形下有新发现。这就是牛顿所说的捡到贝壳的能力。

图 3-1　工程实施的路径和科学发现的路径

工程思维往往先确定出发点和工作目标，按照传统管理学绩效管理办法，依靠现有资源，设计考核指标，让研发人员在一定时间内完成。执行者的自由和创造的核心在于寻求从问题A点出发到目标B点的最佳路径，怎样最有效地达到目的。我们安排科研工作，按照国家中长期发展的战略指标和发展规划颁布指南，确定哪些技术是需要发展的，审核科研人员利用现有资源怎么去完成它。这是典型的工程化的思路。然而科学思维的不规划和不固化，在这样的体系里就很难发生。科学发现和创新是一个已知的知识体系跟未知的知识体系怎样进行关联而对话的过程。科学发现中我们很可能没有走到目标所指的地方，而是走到了它的旁枝末节误入歧途，然而也许就无心插柳柳成荫，这误入歧途有可能就是柳暗花明。工程和科学是两个不同的思维方式，我们也看到两种不同的思路所导致的结果是不一样的。工程思维下举国体制集中力量办大事会很有效，知道原子弹是可以做出来的，不惜一切代价把原子弹做出来，多快好省地做工程非常有效。然而规划式地在已设计好的路线上去寻找新科学是乏力的，因为科学自己也往往不知道目的在何处。这些年来我们按照经典的架构来规划科学发展，紧紧尾随国际进展，完成了很多工程化的科学目标，非常有效。但是在独立科学发现上，我们一直乏善可陈。如我们都知道的钱学森之问，科学院和我们的高校缺乏优秀而杰出的科学发现。对企业来说也面临类似的问题，在经典的管理框架下，把创新型企业当成军队来管理，完成指标考核业务，按详尽的绩效标准来考核研发人员。但是如果真的希望企业变成以创新为核心竞争力的组织，怎样去管理运营以创造力赢得生存的团队，成了很多现代企业的当务之急。

怎么找到新的方向呢？与我的经历相关的，有两种不同路径。一种是牛津式的外观过程，通过大唠嗑交流足够的信息和思想。这些信息和思想来自不同的背景和领域，聊着聊着就聊出了新的创意；一种是伯克利式的内省过程，深入训练人通晓多个行业的知识，在他脑子里形成这些知识的关联从而创造新东西。这两个过程都是有效的。

在牛津读书时我曾演话剧、写作文、划赛艇、做导演，发掘了我自己经历的教育体系里压抑掉的兴趣，更重要的是让我习惯了科学无界的思考习惯。牛津和剑桥特有的学院制让不同学科的学生、教师生活在一起，学者们平常花大量的时间跟不同背景的人交谈、聊天，胡适所讲的"功不唐捐"，从这样的闲谈里发现新想法，开拓了新领域，至少学了新知识。而我们在国内做学问有时候会说这是我的山头，你干你那摊儿事。我们在知识领域划地盘的时候何尝不是画地为牢呢？思想无界是自由的基本要求，KB 讲，we have only one life，so make most of it.（生命只有一次，多学点总有好处。）做人如此，做学问也如此。

沉浸在大唠嗑里的多年老友，不需要言语交流也会心意相通。我们爱不释手的电子交流手段，远远不能把这些适用于人类情感交流的多样通道有效地建立起来，它只是有限长的 01 序列，而我们知道信息远远不止这么多。当经典信息趋于无穷大量，而有大量冗余的时候，会建立一个类似的复杂体系。对团队的大唠嗑而言，让不同背景、不同工作内容的团队成员在一起聊天，充分交流，理解彼此的喜好、要求、设计思路，甚至脾气、秉性，在团队内促成物理上称之为协同化（synchronization）的过程，将极大地减少部门之间的误会，在融洽理解的过程里完成组织的目的。这时候企业的领导者与其说是发号施令的规划者，不如说是组织者。而这种充分交流的环境，对知识型企业的创新有着让人意想不到的效果。大唠嗑的过程里个体与个体多通道关联的建立和对体系的影响，起着至关重要的但不为察觉的作用。事实上，牛津是个典型的例子。

活动室（common room）在牛津人的日常生活里扮演着一个重要的角色。系里有系里的活动室，我读书的时候，物理系有 15 便士的红茶，25 便士的咖啡，几十便士的小点心。一个印度大叔总微笑着给你杯子里加好牛奶。通常一个组的人坐在一起，天文地理，历史人文常常什么都聊，《生活大爆炸》里谢耳朵们的各类话题。学院也有好几间不同的活动室，分为高级（SCR，senior common room，教授和学者为主）、中级（MCR，middle common room，研究生为主）和初级（JCR，junior common room，本科生为主）活动室，学院里不同专业的人吃完饭也会这里聊天，兴致来了一聊就几个小时。就建立关联的角度看，这种长时间的聊天，促进了学科之间的了解，搭建了学科交流的通道，继而萌生了新的想法和创意，产生了新的学科。牛津有个讲法叫"downstairs laugh"，说英国人讲笑话的境界。活动室一般在餐厅的楼上，大家聊天喝茶散伙了，在楼梯上想起来刚才说的话才哈哈大笑。好的主意也在茶尽人散下楼的时候发生，关联在脑子里建立的时候潜龙勿用的觉察不到，在它们相互作用爆发火花的时候，灵感就迸发了。

与此对应的另外一种创新模式在于跟自己不断对话，深刻而艰难。加州大学伯克利分校对研究人员的训练走的是这条路，可以认为是美国西部牛仔风格的继承。以培养极具开拓精神和能力为目标的科学训练让人对一个行业有足够深的认识。他几乎要了解这行相关的所有事情，非常辛苦地涉猎这个领域相关的各种细节知识，在这个过程中培养成这一领域的超人。按照玻姆的逻辑，这是在一个人心中积累足够多的素材来让他有充分的能力和技巧跟自己对话，有能力在纷繁的证据中找到有意义的"海边的贝壳"。在伯克利工作时，我一般早上九点到实验室干活，干到晚上两三点回家睡觉，第二天还是一样的生活，每天工作十五六个小时。这样的训练可以让人在一个领域上非常深入。在这样的研究过程中，大多时间是孤独的自己在一起，青灯古佛的跟自己内心的学识对话。这个过程非常细腻地培养心性，把一个领域的某些问题了解得非常深刻。

从功利而数据化的统计结果而言，无论是伯克利还是牛津，在人类近代科学的贡献上是同等重要的。牛津有五六十位诺贝尔奖获得者，伯克利也有五六十位诺贝尔奖获得者。但是这里两种生产方式是不太一样的。牛津是培养少爷们读书谈思想的地方，这些人喝咖啡聊天，每次聊天的时候都说一些似乎与正事无关的内容，聊自己最近在玩什么。但这培养了很多新领域的开拓者，他们把不同的行业和不同的技术关联而创新。伯克利方式培养出来很多技术背景很强的工程师，这些工程师把一个一个创意不断地落实成一件又一件的产品，这些工程师奠定了硅谷的发展基础。这两种不同的思维模式在一个公司也应该并存，因为它们在创新中都是等效的。要创造新东西也需要有两种不同的品质，要有很好的端口跟别人进行交流，在交流过程中发现新机会；要有好的匠人心态，扎实地打磨产品，精通尽可能多的相关领域而能迅速找到解决方案。

对于国家的创新而言，我们会经历一段可能没那么开心的日子，经济不像过去的三十年那么高歌猛进，但是我们经历过更为艰难的时期。从 1976 开始，中国的经济一直在高速发展，时下放缓是经济体量增大的必然结果，对于这样大的经济体量苛求苟日新日日新是非常困难甚至是危险的。在这样的放缓中我们才有机会去审视高速发展中被我们忽略的不经意的，不尽人意的问题。填补这些不足，是需要耐心的工作，我们需要的是以平和的心态老老实实回来补课。当我们细心审视快速成长的经济体的时候，会发现其中还有很多机会被我们忽略，还有未建立的关联而产生新的机会。

国家经济发展上的例子而言，日本似乎从80年代开始就一蹶不振，GDP不增长，"消失了的三十年"。但细细分析日本过去的三十年，我们发现GDP增长为零不等于社会不进步，它在淘汰旧的产业，添置新的家具。日本内部也有这样那样的琐碎问题，但在三十年里日本依然科学高速发展，输出高端装备。当然，还有美国这个世界创新的发动机。比较而言，似乎我们只剩下一条体验主义的路，笨而死磕，不急功近利。长久下来，我们会看到这种保守的益处。简单的方式我们已经做过，已经把我们拱上了世界第二，再往前才是举步维艰、真正考验创新能力的时候，这个阶段没人能越得过去，我们也不能想象自己是圣人或者上天特别照顾，不费力创新而继续保持高速发展，更何况事实上我们还在补头脑里现代化的课。在学校里读书的时候我们会有这样的体会，原来逢考必垫底，只要觉悟了，进步起来很容易。通过看看邻座的卷子，每次考试名次前进几名并不太难。但一旦名列全班第二，即使老大对自己的位子没那么在乎，也不免考试的时候捂着卷子，毕竟那是他的劳动成果，没那么容易从他那抄到想要的东西。这个时候就只好靠自己，依靠自身创造新能力。但这个能力需要有体验主义的精神，把自己融入真正的需求观察，而不是闭门造车的客观思维。

商学院常讲犹太人和中国人开修车行的故事。说美国东西南北贯穿的公路交叉口东边有家犹太人开的修车铺，西边也有家中国人开的修车铺，生意都很好。又有个犹太人过来，看到等修车的人很多，于是开了家咖啡馆，卖零食和简餐。再有一个犹太人过来，看到有些车修起来要过夜，于是就开了家汽车旅馆，慢慢地城东边就有了超市、面包店，逐渐成了一个社区。西边也来了个中国人，看另外一家修车铺生意好，于是自己也开一家，价钱是隔壁的一半。于是前面一家也要降价，才能保证客流。再来一个中国人觉得还是有钱可赚就也开一家修车铺，为了保证利润，就只好用一些差点的零件。慢慢地好车都去犹太人的铺子里修，比较差的二手车，就到中国人的铺子里修。城的西边慢慢形成了富人区，城东边慢慢聚集成了唐人街。这不算是笑话，我去过中山市的古镇。古镇有两万多家大大小小的LED灯生产厂。这一个镇生产了全球90%的LED灯。类似地在中国还有专注于纽扣、拉链、锁等诸多产业的集群小镇和村庄，一拥而上，产能迅速过剩，这是简单发展模式的直接后果。能够从自己的修车经验里知道别人在修车的时候想要喝咖啡，想要歇着坐那儿找个地方消磨时间，于是开个咖啡馆提供新服务；而不是看见别人修车容易赚钱，花钱雇人照开一间修车铺。时至今日大经济体的再发展已经对中国的发展模式提出了更高的要求，不是有膀子力气就可以干。仔细研究，这方面中国的准备并不差。虽然还有很多问题，寻找新的维度来解决问题的哥德尔心态让我们看到漏洞多，机会也多。比方说十几年前教育部扩招造成的大量高校毕业生造成了就业的困难，但也给我们在科技领域迎头赶上提供了大量经过基础训练但劳动力成本依然不算太高的工程技术人员，比较北京的程序员和硅谷的程序员的薪资水平就可以略见一二。我戏称这叫"二次人口红利"，这些人如果给予市场的指示，给予足够的自由度、自我管理的环境和适当的指导，他们迸发出来的创造力和完成工程的能力也会很有国际竞争力。

说到年轻人，我很欣赏英国人的创造力，甚至也欣赏韩国人的创造力。有一次去首尔的奉恩寺，我看到庙门口的哼哈二将，不是我所习惯的金刚怒目，而是卡通式的乖巧可爱。这算个不一定合适的案例，但我可以看出年轻的设计师对宗教的理解，不是死板的教条，而是新鲜的活动的、与时间一起流动的活的信仰。李敖先生写《老人与棒子》，其实我也很快成为执杖乡里的老头子，在一定意义上的资料拥有者。但可怜的正是这些拥有者，因为在这个年代，不是拥有了资料就拥有了财富。我们只能利用手里的资料，为年轻人构架舞台，让他们帮助我们渡过难关。作为过来人，激发年轻人的想法，激发新的创造，利用最有效资源去做平台应该做的事情。一路走来的经验告诉我们这些执杖乡里的老头子们，没有一件事情是你真的可以跨越，任何没学过的东西大家都老老实实回来补课，一寸有一寸的欢喜。

三　教育的体验

　　我读书的时候，因为恰好是邻家学霸，所以一直有种经验，就是被低年级的老师叫去做学习方法的分享。在我们的教育体系里有一种假设，存在一种正确的学习方法，可以让孩子轻松地掌握他们应该掌握的知识而获得学校里的成功。我们也希望这种学校里的成功，会最终引导孩子走向人生的成功。我很聪明地掩藏了自己跟这些教育理念的格格不入，并且很乖巧地学会了使用敲门砖，不让规则成为我在这个教育系统里往上爬的障碍。然而，当我在牛津读书，在美国工作之后，生活在这些获了诺贝尔奖的大牛中间，我才意识到自己对物理的兴趣，早就被这个教育系统扼杀掉了。我对学术的追求，似乎成为一种带着我满世界去旅行的线索而已，并非我对物理学本身的好奇。但是，直到我投身产业之后，我才发现自己可以坐下来去思考一些自己感兴趣的物理学基本问题。

信息分为经典信息和量子信息两类，我们在传递信息的时候也需要考虑信息因为我们的观测、阅读和书写而变化、缺失或创造。已知的、可描述的经典信息，可以有简单的评价标准，可以帮助我们制定相对客观而容易设计、规划稳定和相对公平的标准。以经典信息为标准培养出来的人特别适合做有清晰的既定目标和考核指标的工作。但这又很大程度上成了限定人自由思维的囹圄，而这些不自由的工作方式，我们知道机器人有一天会比人做得更好。中央电视台曾报道机器人要在2020年参加高考并考上北大。这除了说明我国人工智能的伟大进步，也啪啪的把巴掌打在教育部的脸上。我一点不怀疑这则新闻的真实性，也不怀疑人工智能的能力，如果能联网，找出来中学教材里某一问题的"标准答案"一点都不难。

回想我所经历的中小学乃至大学教育，就是一个训练学生"多快好省"找到标准答案能力的过程。我们一贯地假设问题是有标准答案的，而答案就在老师的那摞讲义里。我们把教育变成一种猜谜语的博弈。从A出发到终点B，我们只需要找到那条潜在的、故意给我们找麻烦的、只有老师知道的"标准答案"的线索。我们一直教学生从问题找到该有的答案，一直在经典信息的圈子里维系我们的教育模式，而从未告诉他们怎样去寻找未知。这样看也许我们的教育本身就是失败的，是无法产生新思想新科学的教育。这时候我们该怀疑经典假设是不是渗入了我们的核心教育理念。而这样的模式还会特别地受到褒奖，一层窗户纸就这样被捅破了的天才发现会被广为流传。神秘论有种对天才的吹捧喜好，因为似乎这样才能证明权威也可以是天生的，旁证了权威作为权威存在的合理性。从做学问的角度来讲，我们特别喜欢在墙上贴古圣先贤的画像，也特别喜欢传先贤的段子。所谓无巧不成书，巧，成为宣传科学发现的主词汇。

科学本来是个匠人做的笨功夫，为了让匠人工作看起来没那么无聊单调，媒体编造了很多诱人的故事，比如《别闹了，费曼先生》就诱惑了很多对物理不明真相的少年，比如我。但科学本身是青灯古佛、日复一日努力的事情，为了找到一个合适的条件，设计一个笨而无遗漏的方案，把所有参数全部试过，一点点来做。科学发现是一个日积月累的事情，通过一个一个验证假设来排除不可能的因素得出相对确定的关联。很多时候我们在宣传科学家和他的创造发明的时候，都会去宣传戏剧性的那部分，而忽略掉扎扎实实用体验主义办法日拱一卒的积累。

这种教育体制的架构和考核标准的设计，不能完全归罪于我们的传统文化。事实上，当经典物理学影响到现代科学的建立的时候，"分析科学"，就是把学科分成详细的分支。这样我们就可以用分析和综合的办法来一项一项地把学到的知识分类，建立简单的学习机制和考核标准。在标准化课程的禁锢下，人类思想领域被切割成了一块块便于管理的部分，称为"学科"。同样，原本行云流水、融会贯通的科学知识被分成了一个个单独的课程单元。而我们也假设，教育在于怎样把这些专业学得更加扎实。这个模式起源于 18 世纪普鲁士人的现代化教育尝试，它的初衷并不是教育出能够独立思考的学生，而是大规模训练忠诚且易于管理的国民。在学校里学到的价值观让他们服从父母、老师和组织在内的权威。继承了牛顿力学的经典理性主义也给教育者信心，使他们认为世界上没有问题是不能解决的，通过科学的考察，人们可以预测出事物将来准确的发展方向。这种想法运用在教育体制上，就是假定某个机构可以准确地预测某个年纪的孩子需要掌握什么样的知识，某种考试可以选拔出什么样的人才等等，甚至某个科研机构可以在什么时间研究出来什么东西。具体到学校和学习的具体操作上，为了适应工业化的人才需求而专门设立的教育制度，更打上了工业化初期那种对效率的疯狂追求的烙印。

二十世纪初，泰勒（Frederick W. Taylor）管理在美国产业界盛行一时。泰勒认为管理的根本目的在于提高效率。为此，他采取了制定工作定额、选择最好的工人、实施标准化管理和刺激性的付酬制度。在实行泰勒制的工厂里，找不出一个多余的工人，工人在流水线上没有一个多余的动作，每个工人都像机器一样一刻不停地工作。如果把我们的教育制度和泰勒管理下的工厂来做对比的话，会发现它们惊人的相似之处。教育管理机构制定很高的学习量和需要考核的大量知识点，选择成绩好的学生组成重点学校，全国统一的考核标准，大量考试形成的刺激性奖惩。学校目标也是要发挥学生的潜能，每一分钟都要致力于取得最好的成绩。泰勒制的工厂里机器人最终会取代人完成没有多余动作的重复性劳动，泰勒制的教育系统里人也会被人工智能取代，因为我们今日教给我们孩子的东西，正是人工智能所擅长的，而不是人所擅长的技艺。

当然，这样的教育体系在很多方面都具有积极的意义，它可以在短期内培养大量的受过基本教育的劳动力，为实现国家在工程上的崛起提供重要原动力。基于新中国成立初期的经济水平，要实现更多人都可以接受基本教育的目标，最经济的方法就是采用这种教育体制。但时至今日，我们也看到了经典理论设计下的教育体制同样阻碍了学生进行更为深入的探究，阻止了他们独立思考的能力的发展，甚至因为权威先验的判断声音，让学生和受教育者习惯于遵从已有的既定的教育方案，习惯于寻找确定答案的思维模式。在这样的教育系统里，高水平的创造力逻辑思维能力也许不如思想上服从指挥、学识上掌握基本技能那么重要。

比较了人工智能和人的根本区别，也比较了经典系统和量子力学所构建的系统之间的差别，我们发现人类社会的趋势已经不那么需要服从纪律的劳动力，这些劳动可以轻易地被机器人取代。相反，人类社会对人的科学素养和人文底蕴要求越来越高。这包括人对世界的认知能力和与人的沟通能力。回到我们曾经讲的三个问题上来，就是对自然的关系认知、对社会关系的沟通和对自己内心世界的调和的能力。社会需要的是具有创造力、充满好奇心并能自我引导的终身学习者，需要他们有能力提出新颖的想法并付诸实施。如今的教育完全忽视了人与人之间异常美妙的多样性与细微差别，而正是这些多样性的细微差别让人们在智力、想象力和天赋方面各不相同。本来人的思维是自由的、创造的、可沟通的，我们的教育系统的终极目标居然是把人训练成机器人，而我们的教育考核指标在这个逻辑下就是给机器人准备的。

这样的教育系统，不仅仅是受普鲁士式的教育模式影响，它跟我们习惯的传统的思维模式也一脉相承。神秘论在我们的传统思维模式里占有了很重的地位，我们相信绝对真理，也相信绝对权威，在绝对权威的控制下去分配资源，围绕权威的想法和规划去做事情。比方说，我们的研究目标一定是科研指南制定出来的，而我们公民的素质是被《科学基准》规范的。但是科学发展本身常常是无法规划的，它就是在不断地拓宽未知领域。我们按规划所完成的不能算作科学，只是工程技术的实现。

我们培养科学家的方式可能一直要追溯到改变我们的教育模式。教育模式本身限制了中国一代又一代的年轻人。教育方式影响了我们形成对知识的认知方式。科学方法教育，只提供建设性的方向，不提供绝对正确的标准答案，也不预设不可质疑的前提。按照科学的方法循序渐进，无论得出什么结论，拿回来什么结果都被鼓励和接纳。美国、英国的儿童教育会更多鼓励孩子从事探索性的活动。在这种教育方式下，孩子形成了对知识的认识和科学方法的掌握。他的思维习惯里面，没有一个人是绝对真理的代言人。根据我自己在美国工作和教书的经历，学生不把你当权威，经常会跟你辩论，他们也不把你说的话当成真理。他会平等地跟你进行讨论，如果觉得你是不对的，会指出来你有问题。但是在中国带研究生，教授们经常被称为老板、包工头，我们也希望学生以简单服从为基本准则，完成老板交的任务。这种思维模式下训练出来的科研人员，很难做出来有突破性的成果。我们经常喜欢说中华民族是勤劳、勇敢、智慧的民族，我们当然希望是这样，但智慧不是很容易衡量的。如果你要用自然科学来衡量，用诺贝尔奖数量衡量，那我们还差得很远。瑞士只有 700 多万人口，已经有 20 多位诺贝尔自然科学奖得主；日本从 1949 年获得第一次诺贝尔奖，至今也已获 20 多次诺贝尔奖。如果犹太人号称自己是智慧的民族，那也有数据支持，犹太人已获 20 多次诺贝尔化学奖、50 多次诺贝尔物理奖、50 多次诺贝尔生理/医学奖。我们中华民族的十几亿人口，到 21 世纪末年也不太可能在诺贝尔奖得奖数上超过犹太人。

像犹太人这样全民族在为人类科学进程做贡献，从思维模式的现代化起步的我们还有长足的路要走。我们对好学生的要求，与训练深度学习的人工智能并无二致，也拿客观的、唯一的、标准答案式的指标来衡量。我们需要从教育根上就开始做修改，花好几代人去适应现代科学的教育方式，否则淘汰我们和我们的孩子的不是我们不够勤奋，而根本就是机器人。作为灵动的、体验的、交互的、关联的人类，我们应该让我们的孩子们理解科学发现、理解人类社会而认识我们自己。

四　管理创新团队

　　1914 年发生了两件影响人类现代历史的事。一件宣布了资本主义的末日即将到来；另外一件让资本主义的浴火重生。第一次世界大战的爆发撼动了资本主义大厦，它结束的时候诞生了第一个社会主义国家。资本家无止境地剥削工人劳动的剩余价值而工人整体的消费能力被严重压制导致了生产相对过剩，这是资本主义经济危机的原因。国家计划经济在一定程度上避免这一情况发生，于是有了苏维埃的联合体。另一件相比较起来简直微不足道，福特汽车厂改制。一方面福特厂的现代化流水线作业使工厂生产效率大幅度提高，另一方面老亨利·福特（Henry Ford）提出口号：让福特工人买得起福特汽车！这个口号的意义常常被我们低估，它意味着社会财富分配原则的根本变化。资本家和劳工从对立面的零和博弈走向了共享生产盈余的新分配模式。这催生了大量社会中产阶级，而大量的中产阶级又成为现代社会结构稳定的核心。实际上，从那以后，资本主义在各种修修补补下，又活了一百多年。

福特改制的成功使福特公司成为资本主义大公司的典范，但中国有古话说，富不过三代。老亨利·福特年纪大了以后，他由激进派无可避免地走向了保守派。老头子固执地认为T型轿车就是轿车的理想设计，不需要改也根本不允许别人提修改意见。这种僵化导致了福特汽车被通用等汽车品牌超过，在四十年代销售量直线下滑。小亨利·福特（Henry Ford，Jr.）从爷爷手里接棒之后对公司进行管理体制改造，使公司的管理权与所有权分离：董事会代表了公司拥有权，而公司运营由职业经理人来执行。由此，诞生了现代管理学，奠基人是德鲁克（Peter Drucker）和斯隆（Alfred P. Sloan）等第一代职业经理人。

德鲁克多少有些理想社会主义的情怀，一定程度上受了经济基础决定上层建筑的观点和经典科学体系的影响。以他为代表的早期管理学通过对生产资料的控制来达到资本的管控，通过层级结构来安排企业生产，这在20世纪50年代之后大工业生产系统中无疑是有效的。当然，对泰勒等人的早期管理理论的继承也不能被忽略。从现代企业的绩效管理、质量管理等理论从德鲁克等一代人开始，在福特和通用大型现代化工业生产中起到了重要作用。

然而进入21世纪，随着苹果、谷歌、Facebook（脸谱网）等知识型企业的兴起，层级式管理、依靠固定资产和货币资产流通实现企业管理的方法变得越来越力不从心。"资本家占有生产资料，工人唯一可以出卖的只有自己的体力"的假设在越来越多的场景下不再成立。生产资料越来越体现为无形资产而被知识工作者所拥有。固定资产不再体现公司的实际价值，公司的资产也许就体现在一支U盘里或一封电子邮件里。从社会财富的角度讲，农业社会人类的财富几乎无法积累，生产多少消耗多少。在农业社会里，社会生产的总产量是一定的，因此有了马尔萨斯（Thomas R. Malthus）的人口论，土地就那么多，亩产量就那么大。人多了人均粮食就少。人类不断地通过竞争而生存，人口会不断地起伏波动。然而工业社会促进了社会财富的增长，人类不再受粮食生产总量的控制。基于已有的工具和生产资料，人类能生产出更多的资料和财富，这样工业社会带来财富的几何级数增长。二十一世纪带来的财富增长模式却是完全不同，为数不多的几个、几十个知识工作者能在几个月内成就一个亿万级企业，这样阶跃式增长的知识型企业怎样管理，传统管理学方法面临着新挑战。

21世纪之后管理学从没有面对过这样的困难，组织的管理者完全无法预测和规划企业的最佳增长途径，传统的管理学理论不仅常常无效，而且常常起到相反的作用。这自然也导致了大量贩卖新规律的角度牟利的课程和创业导师的出现。知识工作者成为企业的核心力量，知识资本取代固定资产成为企业的核心资本内容。企业里每个人都被自己的个性驱使，管理变得异常复杂。传统的管理学认为企业行为可以被精确地规划，通过对组织的层级结构设计，管理者根据目标来分配职责，向各个部门发布任务并验收成果。只要每个部门把自己被分配到的事情认真及时完成，整个组织就能有效运作。但随着学习型组织的出现，体系内部的关联被不断强调，传统结构的治理方式显得越来越乏力。越来越高的成本消耗在部门之间的协调与沟通上，各个部门都按照要求完成了任务，但把各个部门交回来的作业拼凑起来却远远达不到组织的预期目标。

至此，企业管理也经历了三代。第一代的企业经营家族式产业，企业内部推行家长式管理。第二代企业里经营权与所有权分离，职业经理人出现、量化考核和绩效制度是这一代企业管理普遍采用的工具。第三代企业里管理者不得不把自己变为生产活动的组织者，有时甚至扮演组织的灵魂，知识工作者成为事实上的企业拥有者，企业成为知识资本家的联盟和新思想的孕育地。怎样使这样的企业更具有活力，最有效地创造新知识和新产品，最大程度上地激发知识工作者工作能力，并同时保护知识工作者的集体利益是这一形态下管理要解决的核心问题，让知识资本等同于金融资本只是它的一个具体目标。德鲁克讲，在知识型社会里，管理学需要新的理论。接下来我们看看量子力学能不能给这个问题一些参考。我会介绍一些因为受到量子而启发的管理的实践性技术，希望读者能从前面长篇累牍的铺垫中看到，这些实践技术的背景和思想来源于对量子关联的观点在宏观世界的应用。而这些是否仅仅是巧合，还是有必然的联系，也许将来我们能够给出一个更明确的论证。当下之计，不妨把它作为一种思维方式的借鉴。

正如我在第一部分中所讲，每一门科学都会让人接受科学的方法训练，而这种训练一旦到达一定程度，它是可以"触类旁通"的，因为科学方法和原则是一致的，管理学也不应该例外。作为一个骨子里体验主义的科学工作者，我从量子力学借鉴来的思想绝不是什么全新的东西，也不是万能灵药，它是在很多已有的现象和规律上的总结，读者可以更多地把它当作一种看问题的方法和思考问题的角度。我还是不喜欢用比喻来论证，这本书里说了很多次，比喻论证是神秘论常用的方法。比喻本身不是证明，而似是而非，我们无法严格地证明两者应该遵循相类似的规律，证明"相似的有效性"又是一个新命题。我们关于量子在物理学之外的借鉴，尤其在复杂场景下的知识企业管理的借鉴，目前看来就是一个比喻，两者之间的关系还无法严格证明。

在量子模拟的研究中，我们用相对可控的量子体系来模拟另外的量子体系。我们也在计算机上做类似的模拟工作，用数据模拟空气动力学或股票交易的过程。量子力学本身决定了量子行为只能用量子行为来模拟。现实体系中的大多数问题无法用经典理论预测和解释，但也许有一天我们可以从量子的观点出发，用量子模拟装置给我们更多的证据，让我们在处理复杂关联所得出的方法系统可以有更自然的支持。这并不是违规的做法，科学所找的规律，也许暂时还不能被严格证明，我们暂且叫它唯象的理论。用量子的观点来处理复杂系统，在最终被量子模拟证明其规律之前，也可以是个唯象的规律。有一日，我们也许终可以用量子模拟来验证一些事情的时候，我相信我们会看到这个理论合理的地方和不靠谱的地方。作为科学工作者，我乐得看到无论哪方面的成功。

出于各种目的，不管叫"互联网时代"还是"工业4.0时代"，我们文化里总喜欢给新事物戴一个帽子。新行业的出现往往是因关联产生，由行业跟行业之间发生新的不确定性的关系而发生。而新行业的出现，可以同时对一个或几个行业产生巨大的影响。以知识型企业为主的时代，作为个人甚至是集体都很难预测到某件事情对某一行业的影响而提前做准备。这个时代大多数企业都将是像硅谷现在的小企业，不再是上万人而是几十个人，一两百人，由规模生产型企业转向创意型企业。传统的企业分层式金字塔型的管理结构里，金字塔顶端是董事长或CEO，之下有按职能划分的部门经理，各个经理再分级管理普通员工。而作为学习型组织的知识企业内部的所有人都有很强关联，企业内部不得不采用扁平化的团队运营模式。这样的企业的管理者是团队的组织者，而不是一个金字塔系统里高高在上的控制者。知识型企业的主要人员是各种专业背景的设计师，每个人都有自己独立的想法和独立的角色。创意、设计、交流，这些是企业的特色和竞争要素，而恰恰这些工作是机器人和人工智能难以胜任的，或者至少在相当长的时间内取代不了人的工作。

　　一个知识型企业里，以创新为生存方法，首先解决的是创意的问题，创意是怎么产生的？我们在前一部分里讲到了牛津的创新模式中大唠嗑是非常有益的，这个方法值得推广和借鉴。如果人的思维是量子化的，对一个量子状态的描述又需要无穷多的经典态，那么尽多可能地沟通而让语言本身成为冗余，最大可能贴近未坍缩的全面信息。公司的创意也可以在类似的过程中产生。创意并不是树上掉苹果砸出来的，而是思考者在大唠嗑的过程中吸取了灵感，思想汇集而激发出来的。

　　面对新的事物，我们经常会凭着第一感觉而产生内心判决的声音，但内心判决的声音常常会束缚个人的思想延展。对集体而言，先验的偏见也同样会扼杀集体的创造力，我们通常称之为"趋同思维"。讨论中领导者占据了主导发言的时候，可以破坏团队的真心和正直态度。这种因领导者诱发的集体的判决声音，会让大家拘束，并延伸到让每个参与者从心里关注哪些话可讲和不可讲，哪些事能做和不能做，甚至哪些问题该想和不该想。趋同思维的影响往往只有在事后才清晰起来。如果我们能清楚地意识到这一点，淡化我们原本习以为常的主客体分离的基本观念，取而代之的是从对象内部进行观察的观念，停止使用我们习惯的假设，并用新鲜的视角看问题，这样我们才能进一步看清自己与现实中观察对象的关联。

1787 年 5 月到 9 月，在美国费城举行制宪会议。这次会议结束了美国建国之初的无政府状态，制定了人类历史上的第一部成文宪法，因此这次会议也成为美国历史上最为重要的事件之一。在为期四个月的会议期间，大会主席华盛顿只做了三次正式发言：宣布会议开始；宣布会议结束；一天早上华盛顿对代表们说"哪位先生的笔记本昨天丢在会场，来取一下"。除此之外，华盛顿作为大会主席一直一言不发。多年之后有人问华盛顿："在这次决定美国命运的重要会议上，您作为大会主席为什么不说话？"华盛顿回答说："以我的威望，这个会议上无论说什么话，都会影响到参会代表们讨论和思考的方向。"

几乎所有四岁以下的小孩都有超乎成人的智力，这包括多个方面：空间，肢体运动，音乐，人际关系，自省和语言等。而到了二十岁时，这些智力就只剩下 10% 了；过了二十岁，这些方面的天赋就几乎看不到了。大家问：我们儿时那些超常的智力都跑到哪里去了？其实没到哪里去，只是被我们内心的判决声音覆盖了。在创新组织里我们应该试图做的就是建立一种环境氛围，让大家在判决声之外找回自己曾经擅长的深层的创造力。心存偏见的我们，往往并未意识到其实是自己的偏见在决定着我们的"所见"和"所为"。人们能够持续地激活创造力，唯一的方法就是关照它，悬挂心中限制自己创造力的判决声音，比如"这个想法很蠢"，"不能这么做"。偏见带来了冗余信息的坍缩，像我们说过的量子芝诺效应一样，每一次我们因为提出自己的判断而停止了这些冗余信息的蔓延和生长，我们就不得不重回思想的起点再来一次。

一旦我们开始接受对某个特定的人或人群的成见，这个思想就变成我们自己思想的代理。这个代理会积极主动地参与我们如何与他人打交道的过程里。而我们打交道的态度又会影响对方的态度和行为。在好的大唠嗑氛围里，一组人从许多不同的角度来探索复杂、困难的问题。大家都暂时忘记自己先验的判决，又可以自由沟通这些因新问题而引发的假设。这样的过程最终引向诱导群体自由的探索，使大家的深层经历和思想都浮出水面，同时又能超越个人的观点。

华盛顿在制宪会议上的故事给我们的启发在于，企业的组织者在大唠嗑进行的时候，要创造好的唠嗑环境，让参与者产生更多更好的创意，第一要做的就是先悬挂自己的观点，听参与者把话讲完，而先不妄加评论。激励每个人把自己哪怕不靠谱的想法说出来，团队就可能就找到一个新的方向去解决问题。在话剧训练中有improvision的训练，一群人聚在一起接力做即兴表演。一个人开始说"我面前这张桌子现在变成一个池塘"。第二个人如果说"桌子怎么会变成池塘？"这个游戏就被先验判决终止了。Improvision要求参与者随意而有关联的展开：第一个人说面前这张桌子变成一个池塘，第二个人就说我变成了池子里游泳的鱼，第三个人说我抓住了鱼的尾巴，第四个人说这鱼拉着我飞到了空中……每个人要用形体把自己当时产生的创意表演出来。这是大唠嗑很重要的启动方式，也许第一个人说的真是个很糟糕的创意，参与者不是立刻否定掉它，而是在它的基础上继续延伸，直到所有人突然都意识到，Bingo，对了，这才是我们要找的！

正如一个量子状态需要无穷多的经典信息来描述，而我们也多次指出有限词汇对思想表达的不足，人们需要无穷多的语言冗余来重建这种关联。参与大唠嗑的过程中，人们可以接触到更大的信息冗余，而这样的冗余状态单靠个人是接触不到的。它意味着由整体来组织各个部分，而不是试图把各个部分拉到整体中。我们尚缺乏一个完整而系统的方法，让每一个人都参与到这样的大唠嗑里面，只有体验式的演进，充分的交流。大唠嗑是把所有人拥有的和可能贡献的信息放到一起并可以营造冗余的过程。这样的过程跟简单的是非逻辑辩论的不同在于参与大唠嗑人不是要击败对手赢得胜利。如果做的得当，每一个参与者都赢得了胜利。个人在大唠嗑中获得新知识、新感悟而激发新创意。通过分享共同的冗余信息，大家不再处于对立面。这不是简单相互影响，大家在参与信息冗余氛围的建立，在这个氛围中团体本身也在不断发展和变化。

科学所训练的核心内容就是在这些冗余信息中捕捉有意义的信息，把不经意的思想的火花从每一个人的谈论中激发出来而捕捉、演化成为可以实施和验证的方案。记得牛顿说自己是在海边捡贝壳的小孩吗？他的言下之意是"你们这些庸才连贝壳都捡不到！"科学所训练的是这种"在沙滩里发现贝壳"的能力，而制造一个有充分冗余的信息库作为这种灵感的来源，需要我们可以有一个完全放松的、大唠嗑的环境。在这个基础上，集体的学习实践不仅是可能实现的，而且对挖掘创造潜力至关重要。通过大唠嗑，大家能够相互帮助，深度了解彼此而认识到各自思想的不连贯之处，并由此使集体思想成为发现新创意的源泉。

这种交流不是简单的信息传达，而是三五好友在一起没有压力的畅谈，大家一起海阔天空地聊天，想想而今身在互联网连接中的我们，这样的机会还有多少？没有明确的目标而需要一定解决什么事，大唠嗑更多是一种放轻松没有规划的自由交流。在一个自觉的知识型工作者所组成的团队里，团队成员在彼此信任的基础上交换意见，组织内部互相激发，产生新的思想。面对面的、多面的说话作为最有效的手段，在新的学科产生、组织的有效运作，个体关联的建立中起到了重大作用。建立冗余信息的关联，尤其是知识型企业部门与部门，企业与企业之间业务的对接中都会是一个非常有效，甚至是唯一有效、最大限度上避免误解、减少摩擦而提高体系效率的办法。

五 冥想的体验

　　冥想（meditation）多少有点神秘论的味道，但我觉得冥想是可以接受并且实际上有益的。如果我们理解了思维的关联秉性，也许会觉得这种修行方式多少有点道理。冥想让我们能更好地观察自己的思维过程，即使是当作是一种休息的方法，或者和自己的内心对话的过程，它都是值得尝试的。当人掌握足够多思想素材的时候，冥想是将这些思想素材串联在一起的过程，在清醒的意识导引下，大脑游走在以往的材料中，它是自己与内心对话。胡适讲功不唐捐，陈年积累的素材在这样的游走过程中重新被组织成为新概念、新想法，触发人对自然、社会和内心世界的顿悟。彼得·圣吉讲修行的时候，或迟或早每个人都有顿悟，它常常在长期的沉静思考后不经意地发生。某一日醒来，我做了一个非常奇怪的梦，想起来是不可能在现实中发生的，但剧情又极其完整。这样的经历，不只是日有所思夜有所梦造成的，而是这些素材早就在脑子里存在。梦境里没有"理智"给出先决的判断声音，它可以在这些素材中自由地游走，组织成一个有意思有细节的完整故事。

　　话剧表演是一个极其劳心费神的过程。一个好的演员会深入体会角色，在另一个时空里把日子再过一次。"在疯子的眼里，别人都是疯子"，戏剧大师焦菊隐在执导《龙须沟》时，用这句话去培养演员寻找角色的感觉，其效果是十分显著的。但这样的训练往往不顾及演员的感受。演员要钻研剧本，努力揣摩人物每句台词背后的动机和当时当地的心境，用鲜活的充满五彩缤纷表现力的台词和表演，让人物栩栩如生地从纸面跃上舞台。然而这样的训练常常使演员沉浸于角色而难以自拔。如果不能好地处理演员对角色的进入和退出，会让演员在平日的生活里受到角色的影响。人生如戏，戏如人生。这样的演员也许可以本色演出，但从演员的成长而言，是不够负责的。

　　在牛津的第一年，我参与了牛津版的《雷雨》的改编和演出。这出戏里演员的表演不是简单地替一部中文版的《雷雨》进行英语配音，而是要具有极强的表现力。尤其是这部戏被同台的英国演员诠释，演员说台词时不仅仅是议论抒情，其中往往掩盖或表现挑衅、恐吓、安抚和警告的内心态度。在鲁妈得知四凤陷入与周家少爷的情感纠葛的这一幕里，鲁妈的独白对天与命的问责来源于她心中几十年与命运的搏斗，需要演员通过日常反复的揣摩体会剧本，但这也会让演员把戏里的情绪带入到戏外。同样，当演员从戏外回到舞台上来的时候，生活中的琐事又让他很难迅速进入角色。英式的话剧排练讲究"情绪管理"。话剧训练时，在演出前和演出后，导演都会和演员坐在一起做冥想，这会有极强的代入感。在冥想结束后，演员会很容易进入角色，忘却现实里的自我而"入戏"。同样，在演出结束后，也会在一起冥想，使演员的心态恢复平常，忘记舞台上的那个人生。这样的过程里，演员在台上有一种恍如隔世的心理暗示。经过冥想回到现实世界之后，舞台上的人是另外一个人的人生，跟自己无关。至少，在我们没有能力对每一个演员进行完善的心理辅导时，这样的冥想过程是一个行之有效的尝试。

如果你从未接触过冥想，可以试试这样的办法。

找个阳光好的地方，一个柔软适中的瑜伽垫子或温度合适的木地板，以舒适的姿势坐定。传统的姿势是盘腿而坐，也可半仰卧、坐在直背的椅子上，任何你觉得放松的姿势。冥想切记不能在犯困的时候进行，否则你真的就睡着了。从个人体会来说，我觉得至少冥想能够身心愉悦，几分钟可以休息得很好。冥想本身应该是个积极的脑力活动。闭起双眼，用鼻子深呼吸，让肺部充满空气，腹部和胸腔因而扩张，用鼻子或嘴缓缓地呼气。把注意力放在气息上，甚至可以很具体地想象气流的形态，注意空气进出的感觉。吐气时可以数呼吸，从一数到七。开始练习的时候，整段冥想时间里反复数数，先学会让专注力更深化。关注吸气如何开始、增强与结束，每次注意力溜走时也可以通过呼吸的调节把注意力找回来。当呼吸顺畅均匀之后，开始想象。你可以想象自己是一道光，穿越身体、海洋、空间和星辰，最后再回到身体上来。

另外一种冥想是一个人的旅行。学生们问我成长的建议。我说，二十多岁的时候该去走走，世界有多大就走多远，到不同的地方去生活，了解世界是什么样子。到三十多岁的时候选择一份可以让自己做到退休的工作。我曾经开车横穿美国，也曾经一个人翻越阿尔卑斯山。独自面对大自然，夕阳下广袤的田野，一条路孤独地通向天边，雪山之巅，四寂无人的林海。这时候跟自己的对话，能使人感到内心的宁静，听得到成长的声音。这些独处的时候，最容易获得顿悟。旅行是一个极好的方式，尤其是你已经有足够的知识作为思想的素材。所谓读万卷书，行万里路，旅行是思考和了解别人怎样生活的最好的途径。当然，这不仅仅是走马观花九天十国游式的拍照游，而是坐下来倾听，端杯咖啡，懒懒地晒个太阳，买70公路和65公路交叉口的小镇上的"可能是美国最好吃的冰激凌（水泥色）"。这样的旅行，聆听自己心灵的声音也是冥想的一种方式。即使身在喧嚣的闹市，人也可以很轻易地把自己置身于独自的思考里。城市里，停下来，一个人坐着地铁去旅行，围绕十号线兜两圈，或者拿本似看非看的书，一个人在阳光下阅读，与作者聊天。这时候书只是个媒介，是人跟自己聊天。

写作也是一种跟自己对话的良好方法，我的文字功底不好，中文底子的教育停留在高中。而重新捡起来是在读博士之后。牛津是个可以给人留下很多空白时间的地方，因此也会给人留下很多聊天时间，往往是一个话题引起这样那样有意思的想法。我自己是想法太多记性不好，觉得这些想法我自己很久以后肯定记不起来，所以一定要写下来。但往往是做这些笔记的时候，我才会认真地考虑这些东西的可靠性和从中可以延伸拓展的意义。而这么多年下来，我觉得自己能够在物理之外的地方有了自己的感悟，跟这种书写的习惯有很大的关系。在做研究的时候，我也要求学生写好实验记录，这是一个极其英国式的做法。刚入克莱敦实验室的时候，系里的秘书龙女士（Miss Dragon）很认真地跟我讲了实验记录本的用处，"是你科学成果的证据"。时间地点和第一手的测量数据，均要认真记录。这不仅仅在审定和记载发现的先后顺序，更重要的是在让你整理自己的思维顺序。书写的时候，速度够慢，你可以跟自己对话。文字只是一个联系脑子里已有材料的工具，而没有落成文字的时候，这些资料以"量子"的信息方式存储在大脑里。随着它们凝聚成文字，它们因纠缠引出更多的材料，也会因此触发很多新的发现。

彼得·圣吉讲第五项修炼，关注于组织者内心的修行。这虽然还是有些神秘论的味道，但科学的心态永远是开放的，不去设定边界，只是承认我们尚有不够的地方，把这些东西为什么认识不够的原因找清楚。心灵从来就不是科学不可以认识的禁地，我们也正尝试不同的办法试图认识心灵，了解人类思维的过程。在这之前，从实践的角度讲，我们并不排斥黑匣子的方式，先使用后理解，往往成了实践论的基本方法。甚至，虽然量子力学本身设定了我们人类认知的边界问题，但这从来没有妨碍我们在量子力学的基础上了解世界。

六　营造创新组织

　　现代企业利用经典管理学的大棒和胡萝卜原则精确设计了很多规则，遵守的奖赏，违反的惩罚。泰勒甚至利用电影来拍摄工人在流水线上的动作来分析哪些动作是多余的，不做或者怎样做能更好地节省时间，提高效率。看看富士康和华强北的大多数工厂，你就可以理解这种管理方式。工业 4.0 使得企业变得小型化，企业核心价值增长更多依靠人与人之间的信息交流而产生的创意。线下体验和感情交流是单纯用语言文字等经典信息没法完整描述的，也不是制度可以规划的。

　　电影《在云端》（*Up in the Air*），男主角受雇于一家人力资源公司。与传统的人力资源公司不同，他不是去做猎头雇人，而是作为猎手去炒人。这确实有需求，同一公司共事那么久，真遇到要裁员，谁都抹不开面子，就得请外边人来扮恶人解雇旧同事。金融危机刚开始，男主角公司的业务特别好，但最终还是难以独善其身。为了节省开支，公司用远程视频对话来做业务，用skype通知对方，你被你的公司裁员了。剧情发展到后来，一位被裁的员工受不了这种方式而自杀。这引起主角的反省，如果裁员不能避免，面对面地交谈也远远好过通过屏幕的一席冷漠谈话。这不光是技术上的问题，即使有一天可以做到更真实的虚拟现实，而人作为群居生物，有社会性的一面。面对面攀谈的信息交流和感官体会，不能被经典信息的01代码系统全部记述。交谈开始和结束时候的一个拥抱，也会完全改变谈话的氛围和结果。拥抱这时，传递的是信任，通过拥抱能建立起人与人的关联。

我在读书时的一个观察，欧洲人喜欢拥抱，而美国人喜欢握手。拥抱本身是个奇妙的体验，也许人类还残存着动物本能的体现，拥抱会刺激某某蒙的分泌，人会觉得被信任、被肯定、被眷顾，心里踏实，这些体验是握手所不能传达的。美国式的握手在很大程度上是理性化的、礼貌的、谦卑的和疏远的。在现代竞争激烈的社会，人与人之间彼此防备和疏远，使我们在有压力的时候无法得到安慰。但实际上，每个人内心都有着需要支持、关爱和安慰的一面，因此，学会给身边深爱的亲人朋友以拥抱，并且需要的时候，向他们寻求拥抱，是帮助我们面对孤独和社会压力的有效方式。

企业里自由创新的环境营造，大学是一个模板。谷歌（Google）就是按照斯坦福大学的模式来设计工作环境。而相反，我们很多大学按照工厂来设计，看看某学校的主楼你知道我在说什么。这样的环境自然会影响处在环境中的人的心态。谷歌还喜欢让每个人的工作空间都极小，人坐在椅子上转身的时候就可以碰到别人。谷歌甚至控制吃饭排队的时间在四分钟左右，这样刚刚可以跟前面后面排队的人开始一段对话，而不会无聊到拿出手机玩。创造员工可以对话的氛围，大唠嗑可以随时随地展开，办公室周围到处可以有白板把即时的创意记载下来。为了保持公司强大的创新能力，谷歌努力营造极乐空间（Asylum），而"极乐空间"的本意为"避难所"（a place of refuge）。人们对工作场所心存更崇高的渴望，希望这里能成为一个探求初心的避难之所，人们在这里可以自由地创造、建造和成长。谷歌让员工自己来经营这个极乐空间，而授权于群众营造大唠嗑的氛围，保证人们能够安全地发表意见。人们常常有枪打出头鸟的习惯，警告人不要随便发表评论。为了最大限度地避免因此对创意的压抑，谷歌尽可能削弱管理者的权力和他们在避难所发言的机会，他们拥有的正式授权越少，就越难利用胡萝卜加大棒的政策辖制团队，这个团队的创新范围便会越广。

我们从麦克斯韦妖的角度来看激光冷却，每一个麦克斯韦妖都在判断光子的能量大小、方向，从而决定这个光子是否应该被吸收，放出更高能的光子。最后，整体的温度下降而熵减少，体系更加有序。体系解决共同的问题，要做的事情可能是让体系内的每一个体都意识到自己的影响力，每一个个体都寻找自己的解决方案从而找出对体系最有利的方案。要相信体系里边每一个人都是聪明而智慧的，一旦某一个方案被验证是有效的，整个体系对这个方案会迅速效仿而蔚然成风。相比较，作用于整体的外力会让系统从一侧倒向另外一侧，从一个极端走向另一个极端，系统整体并不能趋于更有序。

数学上一个有趣的现象，称之为分形，它与混沌密切相关。分形是一种描述自相似的数学模型。请数学家不要太强求我的用词，我不过是一个实验物理学工作者，我用自己的方式来理解这些孤僻的数学概念。海岸线是一个典型的分形问题。中国的海岸线有多长呢？测量海岸线长度可以用卫星照片，再用数格子的办法，得出海岸线 32 000 公里。但假设我们能够开条船，沿着海岸线走一次，会看到很多卫星拍不到的细节，这些长度也要算到海岸线的长度里去，得出的总长度会比 32 000 公里长。假设我们以一只蚂蚁的视野来看，可以想象，我们能够计算的海岸线长度还会长很多。类似的结构我们还会在树叶的脉络、人的血管构造里发现，而计算机可以算出来很多美妙的图像。混沌也是这样的例子，当我们用更小的或更大的尺度来看混沌的特征时，它还是混沌的，我们把不同尺度上

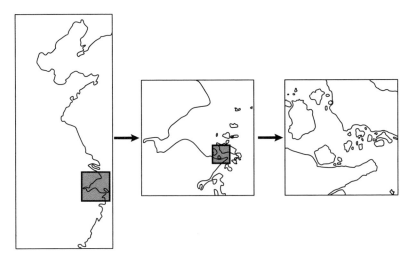

图 3–2 　用分形模型计算海岸线长度

的这种相似性叫作分形结构，而它从一个尺度到另外一个尺度的规律的相似我们叫作映射。雪花由水分子凝结而成。凝结刚开始时水分子碰到一起，没有任何一个方向有优势，所有生长方向是均匀一致的。但某一个地方一旦有了相对的优势，这种优势会被放大，形成结晶核。结晶核越大能凝结分子的面积就越大，新来的分子会按照这个方向延伸，从而也把优势继续扩大，这个过程我们叫作分形生长。与分形生长所对应的复杂结构的自我复制成长也往往是类似的过程。某一个局域的小范围形成某种特定的结构，而后这个结构一旦取得稍微的优势，周围区域对这个优势的放大会很快扩展到整个体系。对于组织也存在类似解决方案。大家先期都各自的尝试，一旦有人尝试出来好的解决方案，组织内的每一个个体都是主动的、聪明的而独立决策的。我们不应该怀疑这样的组织对正确方案的选择能力和组织内个体对已经验证有效的方案的效仿能力。当这种组织内部的分形生长达到一定规模的时候，组织所面对的共同问题也会得到最终解决。

传统企业里有一种误解，讲究"民可使由之，民不可使知之"，工人是用来干活的，工人掌握的东西多了就会跳槽，所以要封闭，要分工，要竞业禁止。在知识型企业里面，这句话应该解读为"民可，使由之，民不可，使知之"。团队成员都很优秀，就让他们自我管理；团队成员不够优秀，就让他们得到受训练的机会而变得优秀。一个知识型工作者聚集的团队里，每个人都知道自己该干什么，不断地自我组织而自觉学习。在经典哲学的体系下，我们曾认为通过外在的客观的宏观设计能给组织一个正确的方法来预防和解决组织的问题。但当这个组织变得宏大而复杂的时候，孤立的领导者就很难得到足够的信息而做出全面判断。决策者常站在他能看得到的角度提出方针政策，做总体的一揽子的一劳永逸的解决方案，可常常是眼前的问题解决了，长远看来会带来更多的新麻烦。

让组织内每一个社会成员发挥自己的聪明才智，自己去解决自己的问题，由自由竞争淘汰出更好的方法，相信组织的成员有足够的智慧来效仿并拓展最佳方案的效用。从信息的角度来讲，即使我们掌握了足够多的经典信息，量子信息那部分也还是无法完全了解。所以在改善社会秩序的努力中，如果不想弄巧成拙，我们必须明白，在任何复杂系统为主的领域里，我们都不可能获得主宰事情进程的全部信息。对待信息缺失的复杂系统，我们不能像工匠打造器皿那样去模铸产品，而是必须像园丁看护花草那样，利用我们所掌握的知识，通过提供适宜的环境，来养护花草的生长。经典物理学所代表的自然科学进步使人类常常情不自禁地觉得自己的能力正在无止境地增长，用早年特有词汇来说，这是"被胜利冲昏了头脑"。经典科学的胜利诱使人们不但试图主宰我们的自然环境，甚至想主宰我们的社会环境，再延伸为我们反过来被自己发现的科学所控制，这实质上是危险的。

量子力学所启示的思维引导我们认识到世界是可变的、交互的，我们会发现一个发达的社会赖以运行的系统是多么精妙，而自由竞争的市场在处理分散的信息方面，比任何精心设计的体系都更为有效。但当我们认识到自己的知识有不可逾越的障碍，便可以懂得谦卑的道理，不至于再去充当那些极力想控制社会的狂妄的帮凶。人类的文明不是出自哪个头脑的设计，而是通过千千万万个人的自由努力成长起来的。面对社会共同的问题，解决方案的探索不如交给每个自由思考的个人，每个人从自己的角度去尝试，一旦有人试出对的有效的，就会有大量的人去跟进。这样会节约大量的试错成本，统一的规划常有伟大的力量，其试错成本也是极高的。

20世纪60年代普利高津提出系统的自组织理论，可以看成在无机和有机、有生命和无生命的鸿沟之间有了沟通之处，不光如此，在世界变迁、历史进化、物理世界、细胞微观运动、大气运动和人类组织的形成等方面都能找到自组织行为的烙印，甚至它可以看成是在宗教与哲学之间建立了某种联系。自组织行为有个简单的例子，这个实验在英国会比较容易观察到。英国学生宿舍里的厨房用的是电炉，可以用平底锅烧水。水的受热是均匀的。盯着看水面变化，到八十度左右，水面形成一些稳定的六边形结构，有些地方水流向上涌，有些地方向下流，最终形成一个个互相挨着的六边形堆积的蜂窝结构。一个均匀稳定无序的系统，被加热而有能量输入的情况下，可以形成有序的状态，这个现象就是自组织行为，或者说是对称性自发破缺。而这种自组织行为和分形也有着千丝万缕的联系。我们讲的超导和超流，以及超冷原子相变，都是这种量子的对称性自发破缺行为的具体表现。

在知识工作者的组织体系内，自组织要求管理者制定组织内的基本规则就好。事实上由哥德尔的不完备性，我们知道限制性条件是无法被穷尽的，而维护这些条件要付出极高的代价，这个代价往往会超过不去限制带来的损失。在相同的效果下，给予最少的限制来降低成文规定的成本实际上是一门艺术。团队通过"大唠嗑"过程，充分进行信息交流和建立共同愿景，组织内部可以产生的创意超越任何一个卓越的总设计师。在一个自由的知识工作者团体里，作为团队的组织者，需要做的只是把更优秀的人挑选到组织内部来，给每个人充分的授权而让他去发挥自己认为合适于组织愿景的功能。

为了适应知识型社会的出现，我们的学校也不应再成为供人们从中获取机械技能的职业培训的中心，而应成为合作性的探究中心。类似地，我们的工厂也必须从根据利益管理理论而建立的等级制的权力结构转变为合作与共享的工作场所。每一个人都必须尽力将实验性的探究方法应用于自己的生活、所承担的义务以及信念和价值之中，而且必须以协商的精神来处理与他人的关系。我们作为与自然发生互动的人类的一部分而活着。在文明中我们引以自豪的东西并不仅是我们自己，而是我们所维系的人类共同体在行动与体验中显示的智慧。

知识型企业希望把聪明人组织起来而实现组织内部成员的共同愿景。把这些人纳入群体之后，组织者要相信每一个人都会去找到自己最佳的解决问题的方案，能迅速地形成自己的模式，组织者需要对这个模式进行鼓励和确认，放手给他们足够多的授权。体验性对应于变化环境的随机性，虽然某一项随机事件可能概率极小，却有可能影响整个局面。事件参与者的重要能力在于培养自己的稳定心态来面对这些变化。面对随机事件的发生，"兵来将挡、水来土掩"，找出最好的解决方案。作为组织者寻找人才的时候，尤其像现在这种局面情况下，所要找的人才的特征，就是"他知道怎样去面对变化"，因为没有一个方案和标准可以放之四海而皆准。管理这样一个企业的取巧办法自然是"治大国若烹小鲜"，管理者做到让大家感觉不到管理的存在，最好的政府即是让大家感觉不到存在的政府。组织者努力要做到的就是让所有的员工或者所有参与者觉得自己存在的重要性。而作为一个组织者来说，最重要的事情是怎么去构建一个"润物细无声"的环境，管理者对这个企业的影响，是不经意间发生的。管理知识工作者的企业，是一门感性的艺术。

每个人都知道愿景是什么，创造一个环境让大家广泛交流，对企业而言有企业的确定目标。这个目标让所有人知道，大家为这个目标去努力，从而建立企业的共同愿景。排一出话剧，作为导演不是绝对的领导。导演作为组织者，只是把演员邀请到一起，至于这出戏最终是什么样子，可能跟编剧或者导演最初构想的不完全一样，但是这出戏是观众所喜欢的。对创新型企业也一样，企业的创始人，或者精深于某一类新科技而年龄较轻而缺乏商场经验的，或者在商场里摸爬滚打多年，商业经验丰富而对新科技缺乏深入的了解，这样在越来越多的组织内部管理不得不变为合作性质的。组织者不再被定义为企业的绝对领导，而需要用愿景来团结队伍，不能指望强大的领导者的精神力量来引导团队。一定意义上，权力已经不再适应在这样的架构里发挥效力。

知识型企业的领导者，更像一个话剧社的导演，而员工像是演员。演员很少能在一个话剧社待一辈子，更多的可能是通过一部戏把共同爱好者聚集在一起。通过排练和演出，剧社赢得声誉，演员得到成长，剧社的成功让演员身价倍增。剧社和演员形成一个有明确目标、有期限的良性合作。这是一个非常有价值的互助形式，在剧社的日常工作中，我们也可以尝试着使用一种系统的建立共同愿景的方式让自组织的团队效率最大化。

第一，团队的共同愿景，剧组是以演一出好戏为目的的，好戏的标准只有一个，观众认可。

第二，导演和演员会经常在一起借助各种工具来讨论演员的舞台表现，但这些工具所提供的数据是用于培养演员和调整战术，不会用来作为考核指标来规范演员，实际上，剧团很少对演员采用负向激励。

第三，组织的愿景和演员的使命高度相关。剧社成员，不管演员、舞美、灯光、音响都想着一件事，为观众做一出好戏。每个人都明白自己所在的位置、所处的职能和演出成功之间的联系，因此相互配合、共同努力，而不是相互拆台。再小的角色也可能把一出戏搞砸。作为导演，演出一旦开始，就完全把舞台交给了演员，你无法左右哪个人的出彩或者失误对一出戏影响。大家只是在一起密切配合，以一出好戏为目的。

第四，强化演员和观众之间的联系，演员对演出的渴望不仅仅是被演出费、成就感所驱动，还包括观众的肯定和赞赏。事实上，让演员和观众直接接触，获得观众的直接反馈是非常有效的激励。越来越多的小剧场鼓励演员走到台下演出，把观众也纳入演出的环境，这些方法对团队本身都有正面的影响。

工作最好的报酬就是工作本身。我们如果无法让工作本身变得让人愉悦、有吸引力，在绩效体系失效的时代，我们便不知道如何激励员工，如何强化组织的战斗力。因而，在知识型的社会里企业管理者和人力资源从业者的主要工作，不再是拿着"胡萝卜加大棒"对员工进行威逼利诱，而是在细微的尺度下对个体员工细致而差异化的关心，进而建立员工与企业的共同期望，营造一个能让所有人充分发挥自己才智的环境和氛围，创造促进员工之间充分交流和精诚协作的自组织体系，让智慧在组织的共同愿景下争相迸发。在每一个环节中，大唠嗑都扮演了重要的角色，通过充分的交流来建立团队成员间的信任和理解，使得团队对共同愿景有认知，对成果有分享，对每个成员自己的成长经验有交代。

七　去工业化的进程

如果说量子力学会对工业 4.0 有什么直接的影响，或者我前面介绍的各种量子的概念和论点对这一节要叙述的观点有什么映证的意义，我会说那是神秘论。虽然量子力学和复杂体系有很多类似，那也是我们忽略掉很多未能深究的例子而选取了对论证有利的例子来说明的。我们还没有能力从实证的角度来验证这些类似是否真的存在深层次的对应关系，因为量子力学到宏观体系的过渡，还是一个尚未被完全理解的问题。所以这一章的文字应该这样理解，当我们在某一领域受了训练，领悟了那个领域的事情，从而掌握了人类认识世界的基本方法，能够在人与自然、人与社会和人与自己的三个问题上给自己一个满意的答案时，再用这种经过训练的思维方式去认识世界的时候，会有自己特有的见解和深入的看法。也就是说，我希望读者能够通过对自己学科的钻研领悟，掌握现代的科学方法，再看世界的时候有自己相对独立而正确的结论。这个能力的培养，不一定是通过对量子力学的理解，而有可能是通过对化学、生物、社会、历史、心理等学科的潜心学习和实践。

对工业 4.0 而言，字面上不过是又一个新的"名教"话题，没有太大的新意。自动化的技术早就存在，互联网也不是新东西，人工智能还早，不前不后的"工业 4.0"更像是一个为了炒作而出现的有互联网式烙印的新名词。然而当我们把这个名词放到整个人类的文明进化的大背景之后，我们惊奇地发现，也许我们根本不应该再把它叫作工业的进化，而应该叫作工业的消亡。

人类的文明进化有两条线索，一条是物质产品的生产能力和消费能力，一条是信息的生产能力和信息的交互能力。前者创造了商品，后者创造了商业。我们试着用这两条线来重新梳理一下人类的文明史。这时候需要多少介绍一下信息不对称原理。最早研究这一现象的是乔治·阿克尔洛夫（George Akerlof）。1970 年他在哈佛大学经济学期刊上发表了著名的《次品问题》，首次提出了"信息市场"的概念。阿克尔洛夫从二手车市场入手，发现由于买卖双方对车况信息掌握的不同会滋生矛盾，最终导致旧车市场越来越难做。在旧车交易中，卖主一定比买主掌握更多的信息。交易中的旧车可以分为两大类，一类是车况良好的车，一类是外观不错但实际很差的"垃圾车"。中间商从原车主那里买来旧车，转手卖出，利用新旧车信息不对称来赚钱。但是如果买主可以不经过中间商而直接从车主手中购买，将产生一个更公平的交易。原车主会比卖给中间商得到更多的钱，而买主也会比从中间商手里买的便宜。但接下来会出现另外一种情况。当买主发现自己总是在交易中处于不利位置，他会刻意压价，以致低于卖主的心理价位而使得交易无法进行。同样，卖主会更容易隐藏关于车辆的关键信息，比如严重损毁的历史而使得交易在一个对买方不公平的价格上进行。这种信息不对称现象的存在使得交易中总有一方会因为获取信息的不完整而对交易缺乏信心。对于商品交易来说，这个成本是昂贵的，但仍然可以找到解决的方法。比如对中间商来说，如果他们一贯坚持只卖好车，不卖一辆"垃圾车"，长此以往建立的声誉便可增加买主的信任，大大降低交易成本；这就是平台的作用和中间商存在的意义。

现代人类大概是七万年前非洲的一个一千多人的部落的后裔。随着定居的农业经济兴起，人类逐渐减少了游牧生活的比重。农业社会里人的生产能力相对消费能力来说是偏低的，这时候的生产也是个性化生产。作为普通劳动者，生产出来的东西仅仅可以满足自己的需求，即使稍有盈余，也只跟一个小范围的人群做交换。即使偶尔走运，风调雨顺，生产有了盈余，可以拿出来其中一部分作为商品来交换自己所需的别的东西，也很难保证自己的生产盈余能够及时找到自己想要的货品。这导致了商业行为本身不是一个积极主动的过程，成功率偏低。一旦掌握了更多的信息，比如某一地区的生产会对应另外一个地区的需求，商业的盈余空间是稳定的，商业模式也相对持久。西藏有很长历史的盐道，每年采盐人的马帮先到藏北的盐湖收集盐，再走两个月到印度边境换取其他生活用品。类似模式的物物交换通道还有丝绸之路、茶马古道。商路一通，几十年上百年就可以依靠这种稳定存在的信息不对称而维持交易。在信息相对难以准确把握而信息总量生产相对较少的情况下，货币的出现在很大程度上避免了信息不对称带来的物物交换的不方便，买什么卖什么的决定可以后做。这时候以信息不对称为基础的商业活动在人类整个社会活动中处于相对次要的地位。士农工商，商业排在最后。农业为主的社会生产里，男耕女织代表了典型的个性化消费模式，每一家生产的粮食、织的布匹都是不一样的。这时候的个性化消费，也是"不得不"的个性化消费，没有别的选择。看到邻居家的衣服漂亮，想买一身自己穿，对不起，没有了，就这么大的生产能力。商业的确对这种问题有所改变，但能力有限。

随着生产能力的提高，工业逐渐成形。工业生产的核心内容是通过规模化生产来取代小农经济以家庭为基本单位一家一户的生产模式，通过规模化生产，大幅度地提高生产效率。这时候生产效率的提高不仅是工业的，也在于农业，随着机械耕种方式出现，大量的农业人口失去土地而进入工厂成为经过简单劳动培训就可以上岗的劳动力。从另外一个角度上来看，这意味着农业人口的失业，人从土地上被先进的生产工具和生产方式赶了出来。商业活动变得极为频繁，而信息不对称在这时候开始逐渐起到了重要作用。

工业化本身意味着集约化生产。拿织布来说，蒸汽机在纺织业的大量使用，使织布的效率大大提高，生产成本快速下降。这很快带来新的问题，大规模生产的产品未必与消费者的需求吻合，而信息本身不能够准确地预测消费者需求，从而导致了消费端和生产端的信息不对称。作为生产组织者的资本家在早期凭着直觉尽量去压低工人工资，但同时尽量扩大产品生产。如果把人工当作企业的成本的话，这样的做法是自然的，开源节流，这就是"资本的贪婪"。但问题是这一社会阶段信息流通是不顺畅的，当整个社会的资本家们都在这样做的时候，人们发现，出了工厂，作为消费者的工人手里的货币买不起社会集体生产出来的产品。在信息无法畅通流转的时候，这个问题导致资本主义的顽疾。社会产品的相对过剩引发的经济危机，每隔几年来一次，并愈演愈烈，最终把资本主义推向灭亡。解决这个问题有三类办法：一，通过广告营销，使消费者的消费习惯能够匹配生产能力；二，拓展消费品市场，对外倾销商品，这个多见于早期殖民时期，殖民地不仅是原料的供应地，而且是产品的消化地；第三，计划性消费。

说到营销就不得不说钻石的案例。钻石作为工业原料，历史上需求不是很大，而作为珠宝原料，它虽然新奇，但也一直没有成为消费的主流产品。1859 年英国人在南非创建戴比尔斯（De Beers）公司，成为世界上最大的原钻供应商，垄断性地控制了全世界 80% 以上的天然原钻的开采和购销。当 1929 年大萧条来临，经济危机导致消费者购买力的下降，钻石市场极度紧缩，戴比尔斯在这场风暴中开始摇摇欲坠。戴比尔斯的转折一直要到"二战"后世界经济的再次起飞。在 1945 年的奥斯卡颁奖典礼上，美国影星琼·克劳馥（Joan Crawford）接到戴比尔斯公司送给她的镶有 24 克拉钻石项链时，她突然伤感起来："要是一个人能有像钻石一样的爱情该多好啊！"事实上这时克劳馥个人感情并不顺利，她向往永恒爱情却一直未能如愿以偿。光鲜、耀眼的明星的真情流露，启发了戴比尔斯的营销团队。理想的爱情是什么？爱情应该是坚强的，没有什么能够击碎它。爱情应该是稳定的，不会因时间的变化而变质。钻石 = 坚硬 + 稳定 = 永恒爱情。这些构成了戴比尔斯故事的核心：沧海桑田，斗转星移，世上永恒的东西唯有钻石，"Diamond is forever"（钻石恒久远，一颗永流传），此后，戴比尔斯在全球为渴望获得永恒爱情的人宣讲一个拥有永恒爱情的故事。这一创举变革了人们的婚恋习俗：20 世纪 60 年代，80% 的美国人订婚开始选择钻戒作为信物。这个市场的潜力无疑是惊人的，所以营销是制造新的信息而促进消费，使得消费行为匹配工业化集约生产的生产能力，但事实上它更大程度上抑制了个性化消费。

对于解决方案战争和殖民地，不用多说，我们有时候就以平和的心态看这事，有时候人家是来做生意，不是来打仗的，开开门以商业道德解决问题会好过武力。

信息是工业生产中相对特殊的一种产品，它一样满足供需关系，在传统的工业生产中，它缺乏前预测能力。营销作为信息的提供方出现，消费是生产之后发生的事情。后发生的事情来决定先发生的事情，在一定意义上不太符合因果律，在工业时代的逻辑下是很难实现的。但在工业4.0的理想情境下，生产是可以被安排在消费之后的，如我们在上一章讲的，因果关系这时候是可以被左右的，后发生的事情确实可以改变已经发生的事情。在工业社会，生产发生在消费之前，在生产时对销售做出准确预测是非常困难的，这造成了很大的社会成本。为了最大限度地节约成本，工业生产也最大限度的压制个性化消费，在一定意义上这也是计划性消费，按照生产能力来消费，由营销手段来强迫消费者按照生产最优化的成本来消费。从工业的定义上来讲，生产越规模化，生产成本越低，这成了工业社会默认的经济规律。信息技术和虚拟智能化生产应用，对工业方式有了极大的改变。在工业4.0的架构下，它改变了工业的默认属性，从根本上改变了个性化生产的成本。像工业革命把农民从土地上赶了出去一样，这一次是新技术革命把工人从工厂赶了出去。从这方面讲，工业4.0更像是去工业化，而非简单的工业的升级版。我们就每一个步骤来分析这样的结论是怎样获得的。

工业产品生产的第一步是建模，新产品被制造前先要做出模具。传统工业设计的方式先要画图纸，根据图纸来加工生产，当产品零件比较多的时候，需要每一件都做出模具来。如果零件匹配不够好，则需要重新调整设计。这样对设计人员的技能要求、出模的成本要求都很高。也正因为如此，大批量重复化生产才可以平摊设计成本，规模越大，成本越低。这是工业生产的基本逻辑。

如果产品模具生产过程中大量使用虚拟化设计，比如机械加工常用的SolidWorks和电子设计用的PSpice等软件。随着虚拟现实技术的出现，我们相信会有更好的软件应运而生。数字化的工具使出模的成本大幅度降低。SolidWorks不但提供每一个零件的三维设计图纸，而且还可以虚拟地通过零件碰撞考验，尺寸不匹配可以及时修改参数。进一步，还可以通过3D打印的方式来尝试生产。对于成衣行业，可以通过虚拟设计，在计算机上模拟客户身材，看效果定衣服。对于电路设计，在流片之前，可以通过电路模拟，知道性能是否达到设计要求。随着软件技术的提高，模具设计越来越精确，也越来越吻合生产的需求。但作为实验物理学家，我还是要顺便强调，不要以为软件可以做任何事情，比如零件设计，还是需要设计者真的了解机械加工的过程。模拟化设计有时候软件上行得通，但加工和材料选择的过于复杂，几乎完全不能做出来的情况也时有发生。

在生产过程中，一样可以先进行物流和生产流程的虚拟规划。对现代工业的流水线而言，相当大的成本在于物流的精确控制。很难想象因为某一个零件没有到位，整个流水线停下来等，对传统手工业等待只是效率下降，对大工业而言，这意味着整个生产线的大量无用消耗。丰田汽车很早实现了零库存生产。虚拟生产从而对物流进行精密控制，其核心在于对流水线上的零件进行精确计划并跟踪行程，通过对流程的精密设计，减少了材料库存，也节省了流水线的运营成本。

到销售环节，因为生产者是跟客户在一起设计产品，产品最大程度上已经满足了客户需求，操作中也可以让客户预付定金，所以产品未被生产出来时就已经被买了单。这样的生产流程最大程度地避免了产品的浪费，同样节省了成本。传统工业而言，生产者并不知道客户的具体需求。生产鞋子，鞋厂不知道最后谁会买走自己的鞋子，只能根据人脚大小，把某一款的鞋子按照最常见的尺码来生产，生产厂家巴不得所有人的脚长得一样大，这样销售盈余是最小的。但事实上不是这样，每个尺码的鞋都会有盈余。不管哪个尺码卖没了，这一款的鞋就被称为断码，销售者只能大幅降价处理，而这样做的成本最后是分摊在消费者头上的。没有断码的流行款里的利润，必然要覆盖断码而降价处理的其他鞋子的利润损失。这样，在工业允许客户参与生产前的产品设计而让客户为设计而提供的服务事先买单，锁定了消费对象和消费数量，从而节约了销售环节的营销库存成本。

这样，通过生产前做设计，生产中和生产后的各个环节，工业4.0相关的技术在工业生产的各个环节的介入，实际上改变了工业默认规则：工业生产规模越大成本越低，工业 4.0 使得个性化生产的成本有可能比规模化生产的成本更低。这样似乎称作去工业化更为合理。去工业化的一个显著特征恐怕是机器人代替人在工厂中从事重复性、低创造性的活动，而我们却不必因为人失业而恐慌。在农业社会向工业社会过渡中，农民一样从土地上被赶了出来，进入工厂成为体力工人。而如今，我们面对的不过是传统意义上的工人从工厂里被赶了出来。但我们应该乐观地相信，正如工业社会代替农业社会的时候，工人在工厂里找到了出路，人力也一样在这次的"被淘汰"中找到出路。那么出路是什么呢？

人工智能和人类思维之间的差别在于彼此的物理基础是不一样的，而区别于人类的思维可能是基于量子的，而量子又有关联解释。除非我们有一天能够对量子有更深入的认识，基于量子关联建筑新一代的计算设备有可能跟人类竞争，我们尽可以安心地与人工智能分工，从事与关联相关的工作：沟通、学习和创造。人因为深思而建立关联，因为联想而找到创意，因为大唠嗑而充分沟通，这些是人工智能最近几百年有可能还赶不上人类的方面，而这些东西又与简单的体力劳动不同。从工厂出来的人类，大可以做这些事情，而工程化的、可重复性的、可程序化的东西，可以放心交给人工智能的设备来做，人的简单劳动，再次被替代，人依靠自己的大脑被再次解放。

我们还没有忘了信息生产这条路，这条脉络在去工业化之后意味着什么呢？大多数信息通过共享避免了信息不对称带来的商业机会，但也意味着新的机会和模式的出现。比如，马克思所讲的资本主义的核心问题在于生产的相对过剩带来的经济危机。被去工业化的种种技术所带来的精准消费所避免的正是这种危机产生的根源，社会的物质财富最大可能地满足了消费需求而不被浪费。让马克思忧虑过的经济危机所定义的基础矛盾，极有可能就这样被技术进步而最终解决。

八 终身学习的设计师社会

　　工业生产早期，人在工厂里从事简单高度重复性的体力劳动而不需要太多的技能，工人的劳动可以简单地用时间来计算。通过简单的技能培训就可以上岗工作，而工作的效率由"拿摩温"（NO.1）来监督。人当作只有劳动力可以出卖的劳动力或经济人是合适的假设。这样的劳动越来越有可能被人工智能取代，而人从工厂里解放出来，从事机器人还无法替代我们的工作。比如沟通、学习和创新，这些能力需要人知识结构和储备，需要关联各种相关知识要素的思维能力，每一个人都成为这样那样的沟通者和设计师。

　　大唠嗑通过交流大量的信息和信息冗余来创造新东西，在相对宽松的环境里，已经具有一定工作能力的成年人，对自己的不足进行审视，学习新东西，接纳新的技能。我们而今常常更多会关注于儿童的早期教育而忽略对成人的再教育。甚至我们一味地宣传神童的故事。好像读书就要趁早读完，少年有成，早早上完大学读完研究生，教育生涯就可以结束了，这之后就只是工作挣钱谋事。

但我们即将面临的是人一生都要进行不断再教育的新社会。教育机构也需要重新审视、定位自己的社会责任，把一个人培养到大学毕业获得学位就算是终止了，还是为成人不断地回到学校里接受再教育提供便利。终身学习会变成社会风气，无论在人生和事业的哪一阶段，人都会重新对自己进行再教育，学习新知识。一方面是自己职业的需求，另一方面是满足内心的需求，纯粹就是为了兴趣，你永远不知道这些东西什么时候会用的上。胡适讲"功不唐捐"，如今花点时间学到了新东西，也许某一天某个时间它就会在被用到。而即使这样都显得功利心太强，学习仅是为了使自身愉悦，不亦悦乎。

越近现代社会，人受教育的时间也变得越长。从几年到十几年，再到几十年，甚至在不久的将来会是一辈子都要求人们学习新东西。这不是一件坏事，事实上，我们通过学习，越来越远离了我们能给予机器所指定的思考规则。人通过不断地学习新东西，在脑子里建立起来这些新东西的关联，保证创造新东西的能力。工程师要去学习怎样与人沟通，科学家应该学习艺术，设计师应该学学焊电路。人从工厂里被机器人撵出来之后，社会应该给他提供条件，让他们接受再教育，获得学习和成长的乐趣。

KB成为我导师之后，开始学习中文。我开玩笑说是因为我英文太差了，他只好先学中文来教我。周五的下午我们经常在他办公室里讨论物理问题和学习中文。他也每天带着随身听，上下班的路上听中文课磁带。他办公室外间的秘书是位英国大龄女青年，我们经常背地里叫她"Dragon"，每到周五下午我的讨论时间到KB办公室经过她的屋子，她总喊"Keith，你的中文老师来了"。讨论完我们会一起走到Lamb & Flag酒吧去喝酒。Lamb & Flag是圣约翰学院自己开的酒吧，跟学院几乎一样老。KB曾是这学院的院长，离物理系又最近，它自然成了我们组周五下午的据点。只要KB在牛津，周五下午他一定会去这间酒吧。这间酒吧的钟是逆时针走的，有极其好吃的炸猪皮下酒。还有他们有个针对圣约翰学院学生的奖学金，以酒吧的名字命名，坊间谣传这个奖学金的奖励是在酒吧免费喝酒。这时KB是牛津的理学院院长，因为做物理的成就被封大英帝国荣誉司令（CBE），当然，喝醉了的时候他也告诉我他是共产主义者，他年轻的时候也崇拜切·格瓦拉（Che Guevara）。我毕业两年后，KB去谢菲尔德大学做校长，至今学校的校长介绍里都在讲KB对中国语言和文化颇感兴趣。正是这个原因，他在学校里极其扶持谢菲尔德大学的孔子学院。时任国务委员的刘延东给他发了一个汉学普及先进个人奖，而他也以十分钟的汉语报告，介绍了英国的汉学教育。这已经是他学习中文十几年之后的事。

迈克·达西（Michael d'Arcy）是我的师兄，也是KB的学生，我读研究生的时候他留在组里做博士后带我做实验。达西先生，我喜欢这样叫他，因为跟那时上映的《傲慢与偏见》男主人公同名。达西先生是很传统的天主教徒，生在利物浦听着甲壳虫音乐长大的爱尔兰人。达西先生的父母、弟弟和妹妹都是牛津毕业生，他喜欢猫王和007。我初到牛津，他是第一个也是几年之内唯一一个曾经盯着我买了正版的编辑软件的人。达西先生每天穿衣都很认真，永远的牛津衬衫。这是一种领子上有扣子的衬衫，因为有扣子，所以衣领总是很笔挺。达西先生在牛津做完一年博士后，去美国跟了菲利普斯（William Phillips）——我后来的博士后导师。达西先生对我很好，我写毕业论文的时候，他从华盛顿每天打两三个小时的电话到牛津我的办公室，一字一句地帮我改论文，中间茶歇还要各自去喝个下午茶休息一下。达西先生在美国国家标准局工作了一年，转去布鲁金斯学会（Brookings Institute）工作。布鲁金斯学会是白宫的四大智囊团之一，颇有些特工集中营的神秘味道，所以我们开他玩笑说终于去做了007。再转年，他回到伦敦，做了国王学院的一名讲师，研究方向是战争研究。后来我到了美国国家标准局做博士后，收到他的来信，说他觉得做律师不错，于是去上律师学校。再过两年，他在Facebook空间里发了他戴着律师假发宣誓的照片。

　　演过《国王的演讲》（*The King's Speech*）的科林·菲斯（Colin

Firth）除了做影帝，也研究脑神经科学，跟伦敦的国王学院合作在《自然》杂志上发过两篇论文。而我的另外一位同事，斯蒂文·霍普金斯（Steven Hopkins）也绝非俗人。我刚到牛津见到他时，他在组里做博士后，后来才知道他以前在专业乐团作曲、拉大提琴。到了四十多岁的时候他觉得物理真有意思，于是在开放大学（Open University）修完物理学本科。学位拿到还不过瘾，又在开放大学读了个博士，到牛津做博士后。英国的开放大学是个很好的机制，任何成人都可以在任何合适的阶段，找一间英国大学去修学位，几年修完都可以，而它颁发的学位是政府承认的正式学位。跟霍普金斯共事了一年多之后，组里又给他开了告别晚宴，他说他觉得还是回去做音乐比较好玩。做物理的人感觉我们转行去干别的是很容易的，但是搞音乐的人四十多岁突然想去学物理是多么的不可思议。

很多英国人有一个共同的爱好，学习新东西。只是因为对某件事情感兴趣就去学学看，不一定要靠学新东西来安身立命。当一个社会人们生活富足而没有太多生存的负担，家长不再教育孩子倡导"学以致用"、"学优则仕"，甚至不用"功不唐捐"来诱导人，这是成熟的社会，代表着未来生活方式的社会。不管到哪个年龄段，或者事业到了哪一步，都不成为学习新东西的障碍。人通过学习领悟人类的智慧，而获得内心的愉悦。

斯坦福大学开始尝试改变学制，不光是在斯坦福念四年拿到本科文凭，学制可以变成六年，可以任何时间回斯坦福修学分，花六年把学位拿下来。你可以集中把它念完，也可以中间去做些别的事情。学校不仅在学制上发生变化，而是把学校本变成为不断改变人们和社会的思想源泉。我们如果不得不一生都进行工作，受教育就变成了一种生活的常态。

远古人类未尝不是在个性化的生产中成为全能的设计师。为了适应不稳定的生存环境，人类必须拥有非常全面的生存能力和知识，才能够随机应变地躲避危险，获得食物求得生存。为此，他们在成长过程中，需要通过全面的训练获得独当一面的生存技能。人类的生活丰富多采，他们每天都可以接触不同的新鲜事物，还能发展和运用不同技能。那时候的人生活在多元的环境里，利用不同技能来应对新挑战。

然而，农业革命和工业革命先后把人类限制在固定的土地和固定的工作场所，更多地从事以体力劳动为主的重复性劳动，成为标准的劳动力而非知识和信息的生产者。专业化在传统的工业时代成了要求人们自身的准则，成了理所当然的圣经。不管是学校教育还是毕业后的职业发展，我们都在努力让自己变得越来越专业化，以便成为一个庞大产业链中的螺丝钉。这完全符合经典科学对世界的设计，人也不过是一个精密设备上的某一个零件，只要他们能够按照宏大设计来完成自己被分配的工作，那么整个社会作为一个庞大的机器就可以稳步运作。这当然是一种伟大而单调的构想，它割裂了人作为复杂的或者是量子的系统对环境的需求，而这种需求本身原来是不确定的、不可规划的而多变的。这种割裂也推演出对人生命的漠然，他们不过是可以被取代的生产资料中的一部分。

这个时代，资本是最重要的生产资料，只要有大量资本就能购买土地和工厂，雇用大量工人，通过规模效益获得巨大利润。企业培养出了一大批优秀的职业经理人，他们是时代的精英，用自己专业的管理知识为企业主服务，创造了巨大的价值。这种经典科学影响下的工业化的另外一个危险的思潮是会让人以为一旦用更有生产能力的"生产者"机器人来做这些重复性的"螺丝钉"式的劳动，人就一无是处，而最终成为机器的奴隶，被淘汰出去。要找到一些被成功自动化而取代人的例子并不难。谷歌地图解决了导航问题，IBM 的 Watson 电脑编写了医生的处方，还有负责分发和运货的行走机器人。然而，希望通过前面的内容，读者已经意识到这样的经典思维下的大设计与我们所处的和将要面对的真实世界是差别很大的。

随着理性认知的技术能逐渐模拟人的技能，人的感性认知的思维技能相对而言也变得更有价值。计算机更擅长处理有确定答案的提问，而人的洞察力适于提出重要的新问题。质疑机器的行动和决策能力对用它们来解放我们而非约束我们是至关重要的。人被机器人从工厂里捧出来之后，会发掘更多可做的事情，比如从事更加丰富的个性化设计。相比使用认知技术的狭义自动化任务，诸如批判性思维、通用问题解决能力、对不明确事物的容忍度以及智谋等能扩大范围并且实现广义任务的必需技能和品质，都会变得更有价值。产品设计、服务、娱乐或者构建使人满意环境的这些工作都不会在短期内被计算机取代。完成这类任务需要的技能，会相对更有价值。

虚拟设计、3D打印和物联网等工业 4.0 的技术提供了能使创新变得可行和更可靠的工具。但是，创造某种新奇的、美丽或者让人感到愉快事物的中心任务需要的不只是技术上遵循产品设计或者电脑制作具体原则的技能，还需要对偶然性的开放心态等人性特有的技能。为满足客户个性化需求，团队成员与客户一起设计客户需要的产品。这解决了两方面的问题，一方面在产品被制造出来前已经锁定了买家，解决了销售的问题，二是不需要费那么多脑筋自己去揣摩客户意图来从事创意性设计，进一步节省了设计成本。工业化早期，生产的逻辑是规模越大成本越低，但工业 4.0 从设计、生产和销售各个方面节省成本，使得个性化生产变成可能。尤其是当智能化生产变为平常的事，实质的问题是人类的生产能力正在逐渐超过我们的消费能力。工业化时代，为了处理低成本批量生产的产品，有了广告和市场营销。工业 4.0 的新时代里每一个人都为别人设计东西，满足这样那样的丰富的个人需求，即个性化的回归，可以说是农耕时代满足个人消费喜好的回归，这样的生产模式所带来的职业空间是无限的。

非要以防万一，我们现在就可以开始重新审视我们的工作场景中需要用到哪种技能是计算机暂时无法取代的，比如说解决问题的能力、直觉、创造力、说服力，这些是完成所谓智慧型的抽象任务所需要的；还有对场景的适应力、视觉和语言认知力及人与人之间的互动，通过建立关联而产生新的链接。以提供客户个性化体验为例。尽管认知技术可以实现更加高质量和个性化的自动化服务，但是，目前为止它还无法取代由有高情商、精神饱满和富有善解人意的训练有素、有合适的工具的人所提供的体验。那些想要面对挑剔客户、发展并维持高价值的客户关系的行当，则继续依赖人际接触来完成关系管理和服务。

随着越来越多的常规任务被人工智能和其他技术取代时，完成这些常规工作的技能会越来越缺乏价值。这也意味着我们如今通过灌输和重复而完成的知识教育存在着真实的隐患。然而，需要常识、一般智力、应变力和创造力这类技能以及那些需要人与人之间互动的，比如说情商和同理心的技能会变得更有价值。科技提高了生产力，增加了个人收入，同时对有技能的劳动力需求也更大。

个性化设计与大规模工业化生产的最大区别在于个性化设计所需的大多为个人技能、知识和时间，没有很长的产业链，通常也不需要大规模合作，很多情况下，个人甚至就能成为一个独立的设计提供者。而互联网的发展又为此类服务业的发展提供了很好的支撑，帮助供需双方解决信息不对称的问题，让独立的个体与客户之间能够直接进行交易。硅谷目前的明星公司Airbnb和Uber，就让全球成百上千万的人拥有了第二份收入，类似平台之外也兴起了很多例如运动健身、教育、私厨美食、美容按摩、旅游服务、知识技能分享、时尚代购等平台，这使得大量相关技能拥有者能够摆脱机构的束缚，直接为用户提供服务。在个性化服务流行的知识型社会里，固定资产所代表的旧式的资本不再具有优势而知识工作者可以独立或以少数人的联合完成产业链上的一段或整段工序。硅谷的崛起使得过去那些老牌的全球500强企业黯然失色，世界的聚光灯迅速转移到了那些充满活力和激情的科技公司。谷歌与苹果的成功大大提高了工程师和设计师的地位，于是那些曾经在学校最不受欢迎的极客们登上了商业交易的前台，成为各大科技公司和互联网公司争相抢夺的人才资源。产生于工业化年代的广告营销由于信息的对称化而过时。年轻人已经不知道那以字算钱贩卖信息的电报是何物，非专有的简单信息本身变得廉价而易得。这时候广告营销的个性化也应该从推销产品转向推销设计师来对接设计和客户需求。营销者成为设计师的代理人而不是某一样产品的代理人，让设计师的时间合理而有效地被利用：帮助设计师迅速找到自己的客户，也让客户迅速找到自己想要的设计师。

公共平台和设计所需要的共享资源可以由大公司集中配置，同时大公司也在提供公有的设备来减少设计师在做专业化服务时候的公用成本。大公司依旧可以利用公司的平台和声誉提供产品质量和售后保障。也正因为这样消费者才会相对放心而高效去向这些设计师进行设计服务的购买。而事实上在今天已经有以这种状态长期存在的组织了，医院便是这样的典型。医生扮演了这一体系中个性化的独立设计师，医院的标准化流程和医疗设备提供了保证医生医疗水平能正常发挥的公共生产生态，并且通过医院的声誉为医生的群体提供了品质保障。一家理想的医院，第一位的是医生。医院为具有医疗技术的人的自由联合体提供标准的工作环境和设施配备。医生面对自己的患者，如设计师面对的客户，每个设计师所擅长的项目并不一致。患者和医生聊了半个小时才发现医生擅长看牙科而病人只是肚子不舒服。这样的沟通成本在大量设计师面对客户精细需求的时候，会尤为突出。平台所发挥的作用就是做营销设计师的经纪人，把客户的要求和擅长处理这项要求的设计师对应，从而最大程度上减少沟通的成本。

由于个性化需求的增加，工业生产过程也将变得丰富多彩起来。比如手机，有人要求可穿戴于手上，符合自己手型，有人要求叠加测量空气质量功能，有人要求要有极好的音质。这样设计师就面临各种复杂的技能需求，不光要懂美学设计，还要懂电子产品设计，还要懂人体生理学知识、心理学知识，甚至是机器人的工作原理。从前家里做一张饭桌，请来一位木匠师傅，他从设计尺寸和款式，到加工制作，一个人可以全都完成。这些木工活对于一个木匠来说不算什么。可是现在，客户要的桌子不仅要能吃饭，而且要有直接插电源煮功夫茶的电磁炉、要接有水龙头，还要有Wi-fi，桌子高度可调节，最好还有音乐播放功能，可以用这张桌子边工作边听音乐。桌子就不再是一个木匠可以完成的了。工人的再训练的需求相应变大，设计师不得不地进行多种类的专业学习，将这些知识整合成符合客户个性化需求的工业产品。因此，职业的再教育成为社会的必须。工业4.0来临，以满足客户为中心的成人职业再教育市场也因此会成为朝阳的行业。

工业4.0的实现对创意人才的需求量会因此增加很多。在消费环节，以前传统的消费是商家告诉你，上火需要买凉茶喝。而现在的消费者更多需求设计是满足自己个性化需要的属于自己风格的产品。人们对工业4.0常常有错误的认识，将来谁想干什么就可以干什么。我们看到很多关于工业4.0的憧憬宣传展现这样的画面：消费者在自己的手机端随意描画出自己想要的产品的样子，工厂的生产端就轻松实现了。这显然是没从事过工业产品的人的外行假想。设计一款汽车，除了考虑车的外观之外，还要了解车的构造和安全性需求，从关联角度讲这不是一个简单的需求和生产对接的过程。客户想要的个性化车子，是不是符合汽车的安全性要求，是不是符合汽车生产流程，不是有钱就可以任性的。汽车生产厂为了满足客户需求，需要有中间人。这个中间人既要懂得汽车生产工艺、技术安全要求，又懂得跟各种客户沟通，把客户的个性化与企业的可生产能力磨合匹配，最终生产出一部满意的又符合汽车标准的车，这就需要既有美感欣赏能力，又有汽车设计基础，更重要还有客户沟通能力的技能全面的设计师。以客户为中心而个性化地提供服务也是德国企业成功的原因之一。德国企业管理学者赫尔曼·西蒙（Hermann Simon）说："以客户为中心比以竞争为中心更重要。和客户之间保持常年的合作关系是德国企业的长处，这甚至比强大的技术竞争力更有价值。"而这些合作关系，也往往体现在与客户一起设计产品上。

　　珠宝设计是另外一个案例，每个人都会有自己对美的独特需求，希望佩戴不一样的款式以彰显自己的个性。为满足大量的个性化需要，珠宝设计师的数量就会增加很多，他们一方面要懂得将消费者的需要用美学呈现，另一头要懂得下游的生产端怎样能够加工出成品。工业 4.0 时代，处于消费者和生产中间需要大量的这类设计师，面对消费者倾听他们的需求，领会他们想要的个性化产品的意图，跟消费者一起参与设计，通过沟通来满足消费者的个性化需求。但这并不意味着消费者想要怎样就要怎样，而是要有实操训练和经验的设计师与客户沟通生产过程中的工艺，哪些部分是可以实现生产的，哪些部分生产不了，需要一起调整修改成可实施的方案。这样对设计师的知识要求就不仅仅只是具有美学知识就够的，还要掌握生产工艺知识、心理学知识等才能更好地胜任这项工作。

激光工业在 90 年代末迅速地推进到工业界，一些早期提供高质量的激光公司纷纷转战到工业激光的市场。德国公司 Toptica 开始为实验室提供稳定性极好的半导体激光。这家公司不大，不足百人规模，但它提供了全球科研用的稳定激光器，并一直保持着每年 15% ~ 20% 的稳定增长。激光器的领域，大公司和小公司的产品性能都不错，各有千秋，而 Toptica 能够胜出在于服务。Toptica 有一支专门为客户服务的工程师队伍。一旦客户遇到问题，一个电话、一封邮件，工程师就会马上帮助解决。这种为客户提供的"一对一"全球及时服务是 Coherent 等大型激光企业做不到也不屑于做的。对大企业而言，今天这个客服负责跟进，明天又换另一个，流动率很高。但对 Toptica 这种小企业而言，客服人员都是相关领域出身的研发人员，与客户是熟人，当客户提出建议或者新的需要时，沟通理解会容易很多。每年 Toptica 还会积极参与科研领域的专业会议，与客户、合作伙伴一起联谊、交流。对 Toptica 而言，接近客户甚至比营销更为重要。Toptica 的客服有很多是相关专业的博士或硕士毕业生，在实验室里与使用激光的客户讨论激光的性能时经常有非常好的建议，在与客户的讨论中获得对产品好的改进意见。像Toptica与客户如此紧密合作的企业在德国并不是少数。这令普通德国人对德国经济的未来充满信心："我们不仅有超强的制造能力，还有能力把制造和服务结合起来寻求新的解决方案。"互联网行业所期望的虚拟型知识社会并没有实现，高价值的服务只存在于德国这样的工业中心，而非世界的任何一个角落。工业与服务业之间的重叠不断增长。

在工业4.0时代，将物理空间与虚拟空间对应，需要大量产业工人或设计师，既要懂得客户需求，又得懂得硬件制造、工业设计和互联网。同时还要懂各种诊断，会解决流程中的问题，对人的技能要求越来越复杂，而这些涉及关联的活动又恰恰是计算机做起来十分困难而不能独立完成的。作为插播广告，这就看出了我这个专业的人才的优势。量子控调专业训练了这些物理学家深入了解并应用从机械设计、电子、自动化、精密光学、真空、激光、物理建模的所有门类的知识，搭建起一个研究量子层面物理现象的系统，很难有一个实验会比量子调控实验更加复杂。这是一个超级变态领域。它的变态在于，从本科毕业到博士前三年，你要学会几门基础的技术，机械加工、数电模电、软硬件编程、激光制造、光学器件、超高真空、图像分析、大数据处理、远程通信、自动化控制、建模分析、微电子和芯片器件，更为变态的是，几乎没几件东西可以买到现成的，都要自己设计、自己加工。读博士后几年起，才开始接触深一点的量子物理问题，再青灯古佛两三年差不多可以毕业，但不等于出师，还要再做一两期博士后才能算有点资本自立门户。这不算完，冷原子领域从开始就形成了一个极其宽松的氛围。交流再交流，成了可以在这个领域立足的唯一途径。因为如此庞杂的系统，几乎没有人可以了解每一处细节并且跟上日新月异的技术变革，这个领域永远会用最新的技术来追求对量子世界的极致控制。所以呢，就经常开会，经常去别人实验室看看，用自己会的新技术与别人技术物物交换，切磋交流。大唠嗑建立的是一个知识关联的通道，正是由于这种繁复的通道建立而沟通个体，从而利于新想法的产生。

从量子调控的角度，我们可以对工业设计进行全新的定义。量子调控所涉及的是一个多技术的工种，对几乎所有工业领域和技术都有所涉猎，而每一个工种都是复杂体系，这些体系之间的协作，难免会产生这样那样的复杂关联。而它所训练的从业者，凭着个人训练的大量知识冗余的经验来协调这些不同门类技术之间的关联而达到最好的效果。这是一个具有创造能力需求的行业，针对客户的复杂需求而提供解决方案。这个领域培育了一种"新的系统设计师"，这个系统设计师的能力核心，是基于对量子关联的深入了解的。英国红砖联盟的大学校长们正就此开展一系列的讨论：也许我们过早地对学生开始分门别类的训练，而当学生面对实际的工作时才发现真实的事情处理是需要多种能力的。而这些跨专业的再训练，又成为应对人未来生活的教育的核心，人需要不断地在新产业中得到训练和学习，再不断实践发现新的学习的要求，从而不断产生创新的思想和设计理念。这些东西都是对人工智能成本极高或本质上无法替代的工作。

这几年从商和各种人打交道的经验，我会把量子看成一种研究各种关联的思维模式。在之前的牛顿力学年代，我们会把学科划分为不同的专业，工业技术也分门别类，划分成各种更加细致的具体技术。随着技术的加深，不同技术之间的隔阂和鸿沟实际上是加深了的。这与去工业化时代所需要的综合设计能力成为矛盾，需要一些新的专业来整合这些专业。量子调控就是这样一个专业，这个行业的物理学家们把工业的所有行当都实际操作学过一遍，能够听取来自理论工作者（客户）的建议，针对客户需求来设计新的产品，有可能把所有的工业技术集成。基础功能实现之后，找更专业的各个行业的专家把它完善，最后成为一个工业产品。工业设计不再局限于简单的美学设计领域，而是关注于功能上的实现。从这个角度讲，量子工程设计人员更像是经验丰富的老医生，在常年不同工业产品设计中积累丰富的经验。这个设计过程是量子的，不是经典的。

很多人不喜欢量子力学，这包括爱因斯坦，我们也很无奈。科学并不是要跟神秘论作斗争，神秘论是状态的，它与科学最大区别不在于结论的陈述，而在于方法的探索。科学无非提供了一套可以诉求并不断为诉求提供公正依据的方法，而神秘论的问题在于对这种方法的不屑，或者出于无知或私心的隐藏证据。人类的异想天开，向来都是促进人类进步的源泉之一。但如果只停留在出发地，不知道系统地扩大我们的认知领域，人类无论再过多久都还只在原地徘徊。这一点我们中华文明的四千年文明史算是深刻的教训。也许我们还是能通过各种辩证的办法来论述过去文化和思想如何如何的璀璨和高级，来树立东方本位的想法，但那根本就是古代。过去回不去了，我们不得不适应现代。回到观察者的问题上，人会被自己所处的时代限制，所以我们也不能够求全责备，更不能简单地以今日的眼光和今日的标准来看过去人。作为后来者，我们所掌握的知识总量远远超过了前人，彼时我们以处于已坍缩世界的此刻去面对过去某一有无穷多未知的世界，当然我们有优势去评判，因为我们毕竟站在了掌握足够多的证据并可以验证的一端。同理，我们对未来人也应该心怀敬意，比如说我们的后代，我们不应该以任何设计者和教导者的面目出现。对我们而言，他们才是裁判，我们一定不如他们掌握的知识多。如果我们当中有任何人被后人提及，我们都应该满怀欣喜地感激他们的"不杀之恩"。

相对于我们已经习惯的理性认知来说，量子力学所揭示的是一个不那么客观也不那么实在的世界，我们无法用简单的分析综合的手段来认知世界。它对我们的理性的因果论也提出了挑战，而这一切似乎又与量子关联有着不可割裂的渊源。量子理论提供给我们一个可能更加真实的世界，在这个世界里，测不准关系设定了的人类认知边界，而这边界又有量子的关联本质，体现在量子纠缠、量子随机、不确定性和量子测量的核心问题上。

20 世纪初在中国还在启蒙运动中的时候，科学界和思想界发生了几个重大的变化。首先是数学界和物理学界，物理学界曾经以为的经典物理将要完成的事情被量子力学重新建立了，而数学界认为可以做终极数学的事情被哥德尔否定了。两件事情都告诉我们人类理性认识的边界和能力，在事实上否定了绝对真理的存在。而我们人类又还没有找到更加合适的感性的物理或者数学的工具来代替我们已有的理性工具。我们目前的结论，似乎也只能这样了，这是一个极其体验主义的解决方案，不去追求极致的、绝对的真理，而是认识一点算一点，一寸有一寸的欢喜，有一分证据说一分话。

然而这样其实我们更加安心，人始终会与我们生活的环境成为一体，不能独立而客观地把自己和世界冷漠地分隔开。人的道德也因此不存在绝对的标准，需要随着环境的变化而演进。因此也不必担心而绝望，应该相信既然我们是自然的一部分，我们就有能力去改变它或受它改变。这时候我想起约翰·唐恩（John Donne）著名的布道辞，

> No man is an island,
>
> entire of itself;
>
> every man is a piece of the continent,
>
> a part of the main.
>
> If a clod be washed away by the sea,
>
> Europe is the less,
>
> as well as if a promontory were,
>
> as well as if a manor of thy friend's or of thine own were;
>
> any man's death diminishes me,

because I am involved in mankind,

and, therefore,

never send to know for whom the bells tolls;

it tolls for thee.

没有人能自全，

没有人是孤岛，

每个人都是大陆的一角，

便是一寸土地，

一旦海水冲走，

欧洲就变小。

任何人的死亡，

都是我的减少，

作为人类的一员，

我与生灵共老。

丧钟在为谁敲，

我本茫然不晓，

不为幽明永隔，

它正为你哀悼。

写这本书的时候我越来越怀疑理性存在的自然属性。因果顺序、客观实在，这些曾经作为理性的经典信条是不是在自然界就是不存在的？它只是我们人类为了认识世界而制造的工具。也许鸟类从来不是因为饥饿而觅食，我们也不为生存而思考。自然界基于量子的单元组织成为我们看到的大千世界，它们的本源是量子的，强行把它们拉入到我们习惯的认知体系里来也许从根本上就是有问题的。当我们谈及感性的时候，总强调的是相对于理性而言的感性是不可捉摸时时变化的一面的，这似乎与我们谈的量子信息部分有着如出一辙的相似，当我们试图用理性来解构、描述它的时候，它就呈现出了我们想要了解的模样。我们不能抱怨理性工具的不够客观，它至少是我们至今能掌握的趋近更靠谱的关联的最有效的工具。我们这一支人类可以通过交流建立人和人的联系，通过观察发现人与自然的关联，而通过思维获得人关于自己内心的知识。

一旦不再为理性和感性困扰，我们便可以用平和的心态看待科学的发展和它的进步；一旦了解到它的秉性，我们就不再畏惧科学的日新月异，相反地能够以快乐的、探索的、求知的、不受束缚的自由的心来了解世界，了解人类，了解我们自己。